【现代农业科技与管理系列】

肉奶蛋制品
加工与贮藏保鲜技术

主　　编　熊国远
编写人员　梅　林　薛秀恒　徐支青
　　　　　郑海波　戚　军

时代出版传媒股份有限公司
安徽科学技术出版社

图书在版编目(CIP)数据

肉奶蛋制品加工与贮藏保鲜技术 / 熊国远主编.
--合肥:安徽科学技术出版社,2024.1
助力乡村振兴出版计划.现代农业科技与管理系列
ISBN 978-7-5337-8698-4

Ⅰ.①肉… Ⅱ.①熊… Ⅲ.①肉制品-食品加工 ②奶制品-食品加工③蛋制品-蛋品加工 Ⅳ.①TS251.5 ②TS252.5③TS253.4

中国版本图书馆CIP数据核字(2022)第254892号

肉奶蛋制品加工与贮藏保鲜技术 主编 熊国远

出 版 人:王筱文 选题策划:丁凌云 蒋贤骏 余登兵
责任编辑:李志成 王秀才 责任校对:胡 铭 责任印制:梁东兵
装帧设计:王 艳
出版发行:安徽科学技术出版社 http://www.ahstp.net
(合肥市政务文化新区翡翠路1118号出版传媒广场,邮编:230071)
电话:(0551)63533330
印 制:安徽联众印刷有限公司 电话:(0551)65661327
(如发现印装质量问题,影响阅读,请与印刷厂商联系调换)

开本:720×1010 1/16 印张:11.25 字数:135千
版次:2024年1月第1版 印次:2024年1月第1次印刷

ISBN 978-7-5337-8698-4 定价:43.00元

版权所有,侵权必究

“助力乡村振兴出版计划”编委会

主 任

查结联

副主任

陈爱军 罗 平 卢仕仁 许光友

徐义流 夏 涛 马占文 吴文胜

董 磊

委 员

胡忠明 李泽福 马传喜 李 红

操海群 莫国富 郭志学 李升和

郑 可 张克文 朱寒冬 王圣东

刘 凯

【现代农业科技与管理系列】

(本系列主要由安徽农业大学组织编写)

总主编: 操海群

副总主编: 武立权 黄正来

出版说明

“助力乡村振兴出版计划”(以下简称“本计划”)以习近平新时代中国特色社会主义思想为指导，是在全国脱贫攻坚目标任务完成并向全面推进乡村振兴转进的重要历史时刻，由中共安徽省委宣传部主持实施的一项重点出版项目。

本计划以服务区域乡村振兴事业为出版定位,围绕乡村产业振兴、人才振兴、文化振兴、生态振兴和组织振兴展开,由《现代种植业实用技术》《现代养殖业实用技术》《新型农民职业技能提升》《现代农业科技与管理》《现代乡村社会治理》五个子系列组成,主要内容涵盖特色养殖业和疾病防控技术、特色种植业及病虫害绿色防控技术、集体经济发展、休闲农业和乡村旅游融合发展、新型农业经营主体培育、农村环境生态化治理、农村基层党建等。选题组织力求满足乡村振兴实务需求,编写内容努力做到通俗易懂。

本计划的呈现形式是以图书为主的融媒体出版物。图书的主要读者对象是新型农民、县乡村基层干部、“三农”工作者。为扩大传播面、提高传播效率,与图书出版同步,配套制作了部分精品音视频,在每册图书封底放置二维码,供扫码使用,以适应广大农民朋友的移动阅读需求。

本计划的编写和出版,代表了当前农业科研成果转化和普及的新进展,凝聚了乡村社会治理研究者和实务者的集体智慧,在此谨向有关单位和个人致以衷心的感谢!

虽然我们始终秉持高水平策划、高质量编写的精品出版理念，但因水平所限仍会有诸多不足和错漏之处，敬请广大读者提出宝贵意见和建议,以便修订再版时改正。

本册编写说明

实施乡村振兴发展战略,是党的十九大对“三农”工作做出的重大决策部署,是决胜全面建成小康社会、全面建设社会主义现代化国家的重大历史任务,是新时代中国特色社会主义“三农”工作的总抓手。

本书按照产业兴旺、生态宜居、乡风文明、治理有效和生活富裕的总要求,以推进产业振兴、人才振兴、文化振兴、生态振兴、组织振兴“五大振兴”为重点任务,组织相关领域专家编写了肉、奶、蛋加工及贮藏保鲜实用技术,以供乡村振兴中的主体——农民朋友和其他读者朋友阅读参考,提升其产业能力、文化知识水平和加工技能,助力科技振兴乡村,促进畜禽加工科技进步和产业发展。

本书分别从肉、蛋、奶的基本定义、理化特性、加工特性、加工技术和工艺、原料及产品贮藏保鲜等方面做了详细的介绍,并给出了具体畜禽产品的加工实例。同时还从理论上加以分析说明,既有方法,又有理论。笔者力求本书具有实用性、前瞻性和可读性,希望能为读者提供畜禽产品加工实用技术,又能帮助读者掌握畜禽加工的科学知识,提高业务能力。

由于编者水平所限,加之时间仓促,书中难免存在疏漏与不妥,恳切希望广大读者和同行批评指正。同时,由于篇幅所限,书中引用内容如没有标注的,在此一并致谢!

目　录

第一章　肉的加工 …… 1
第一节　肉的加工特性 …… 1
第二节　肉制品加工原理与方法 …… 14
第三节　鲜肉的加工 …… 40
第四节　中式肉制品的加工 …… 46
第五节　西式肉制品的加工 …… 63
第六节　现代肉制品的加工 …… 67

第二章　蛋品加工 …… 74
第一节　蛋的加工特性 …… 74
第二节　蛋制品加工原理与方法 …… 80
第三节　皮蛋的加工 …… 87
第四节　咸蛋的加工 …… 97
第五节　糟蛋的加工 …… 99
第六节　液蛋的加工 …… 103
第七节　蛋粉的加工 …… 111
第八节　蛋黄酱的加工 …… 113
第九节　禽蛋功能性成分的提纯 …… 115

第三章　乳品加工 …… 119
第一节　乳的加工特性 …… 119
第二节　冰激凌的加工 …… 124

第三节　消毒乳的加工 …………………………………………… 129
第四节　灭菌乳的加工 …………………………………………… 132
第五节　发酵乳制品的加工 ……………………………………… 134
第六节　酸乳的加工 ……………………………………………… 137
第七节　奶茶的加工 ……………………………………………… 144
第八节　干酪的加工 ……………………………………………… 148

第四章　肉奶蛋的贮藏保鲜 ……………………………………… 153
第一节　肉及肉制品贮藏保鲜技术 ……………………………… 153
第二节　蛋、乳品包装与贮藏技术 ……………………………… 165

第一章 肉的加工

第一节 肉的加工特性

一 肉的概念

广义而言，凡作为人类可以食用的动物体组织均可称为“肉”，包括胴体、头、血、蹄和内脏部分；狭义而言，动物的胴体即为肉，即畜禽屠宰后除去血液、头、蹄、尾、毛（或皮）、内脏后剩下的肉体。

肉的俗称：

瘦肉或精肉：剥去脂肪的肌肉。

肥肉：主要指脂肪组织。

红肉：烹饪前呈现红色的肉，如猪、牛、羊肉等。这种肉肌纤维粗硬，脂肪含量较高。

白肉：烹饪前呈现白色的肉，如禽肉和兔肉等。这种肉肌纤维细腻，脂肪含量低。

热鲜肉：刚屠宰后不久体温还没有完全散失的肉。

冷却肉：经过一段时间的冷处理，保持在低温（0~4 ℃）而不冻结的肉，也称冷鲜肉。

冰鲜肉：经过一段时间的冷处理，将温度降低到冰点（−2~−1 ℃），并一直保持此温度的肉。

冷冻肉:畜禽宰杀后,经预冷排酸,急冻(一般在-40~-28 ℃下急冻),将肉的中心温度降低到-15℃,继而在-18 ℃以下贮藏的肉。

分割肉:按不同部位分割包装的肉。

剔骨肉:剔去骨头的肉。

肉制品:将肉经过进一步的加工处理生产出来的产品。

白条肉:将家畜屠宰后的胴体。

下水:畜禽动物的内脏。

二 肉的形态结构

肉(胴体)由肌肉组织、脂肪组织、结缔组织和骨骼组织四大部分构成。其组成依据屠宰动物的种类、品种、性别、年龄和营养状况等因素不同而有较大差异。牛、猪、羊胴体各组织占总重量的百分比见表1-1。

表 1-1 肉的各种组织占胴体总重量的百分比

组织名称	牛肉/%	猪肉/%	羊肉/%
肌肉组织	57～62	39～58	49～56
脂肪组织	3～16	15～45	4～18
结缔组织	9～12	6～8	20～35
骨骼组织	17～29	10～18	7～11
血液	0.8～1	0.6～0.8	0.8～1

1.肌肉组织

肌肉组织是动物胴体的主要组成部分,占酮体的50%~60%。其在组织学上可分为骨骼肌、平滑肌和心肌。骨骼肌因以各种构型附着于骨骼而得名(图1-1),但也有附着在韧带、筋膜、软骨和皮肤而间接附着于骨骼的,如大皮肌。平滑肌存在于内脏器官,心肌存在于心脏。肌肉是由许多

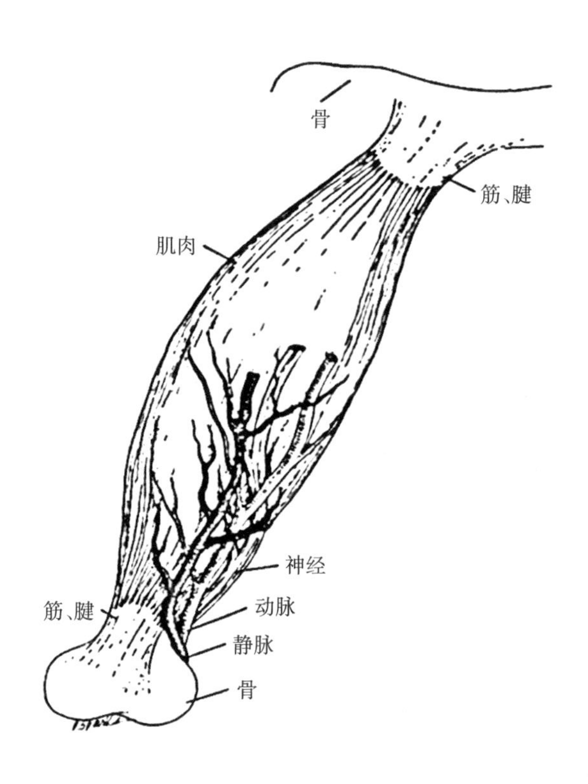

图1-1　骨骼肌的结构

肌纤维和少量结缔组织、脂肪组织、腱、血管、神经、淋巴等组成。肌肉的基本构造单位是肌纤维，肌纤维与肌纤维之间有一层很薄的结缔组织膜围绕隔开，此膜称为肌内膜；每50~150条肌纤维聚集成束，称为肌束；肌束外包一层结缔组织鞘膜称为肌周膜或肌束膜，这样形成的小肌束也叫初级肌束；数十条初级肌束集结在一起并由较厚的结缔组织膜包围就形成次级肌束（又称二级肌束）；许多二级肌束集结在一起即形成肌肉块，外面包有一层较厚的结缔组织，称为肌外膜。这些分布在肌肉中的结缔组织膜既起着支架作用，又起着保护作用，血管、神经通过三层膜穿行其中，伸入肌纤维的表面，以提供营养和传导神经冲动。此外，还有脂肪组织沉积其中，使肌肉断面呈现大理石样纹理（图1-2）。

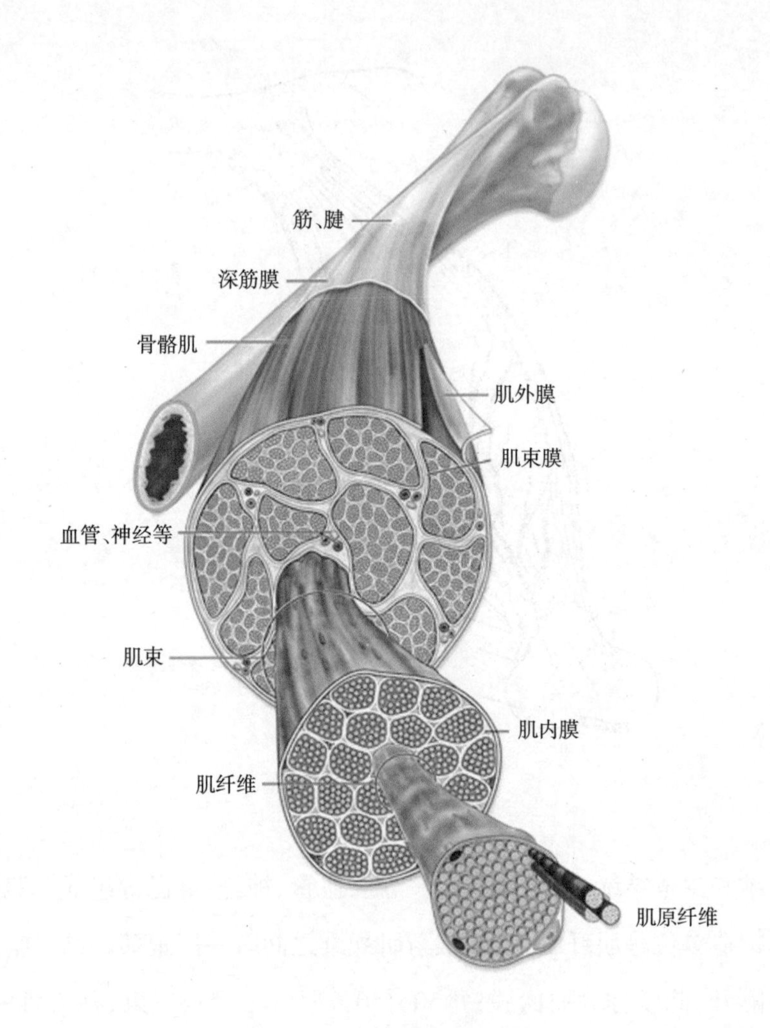

图1-2　肌肉的宏观结构(纵断面)

通常肌纤维根据其所含色素的不同可分为红肌纤维（供能方式主要是有氧代谢)、白肌纤维(供能以糖原酵解为主)和中间型纤维三类(图1-3)。有些肌肉全部由红肌纤维(红肉)或全部由白肌纤维(白肉)构成,如猪的半腱肌主要由红肌纤维构成。但大多数肉用家畜的肌肉是由两种或三种类型的肌纤维混合而成的。

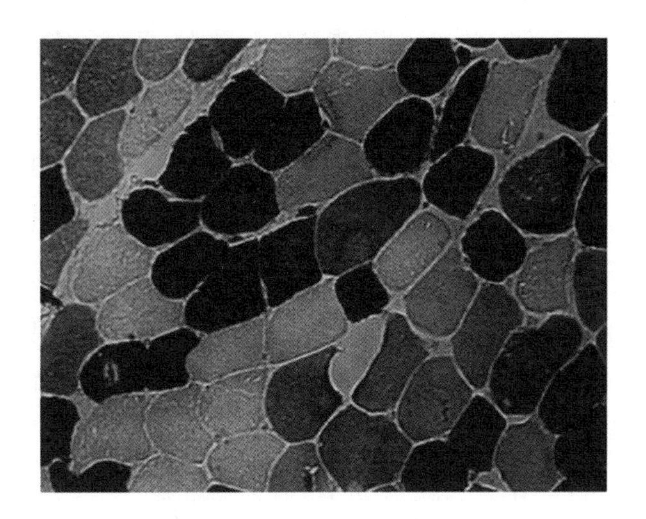

图1-3　肌纤维的三种类型

2.脂肪组织

脂肪组织的基本构造单位是脂肪细胞。脂肪细胞或单个或成群地借助疏松结缔组织连在一起(图1-4)。脂肪细胞中心充满脂滴,细胞核被挤到周边。细胞外层有一层膜,膜由胶状的原生质构成。脂肪细胞是动物体

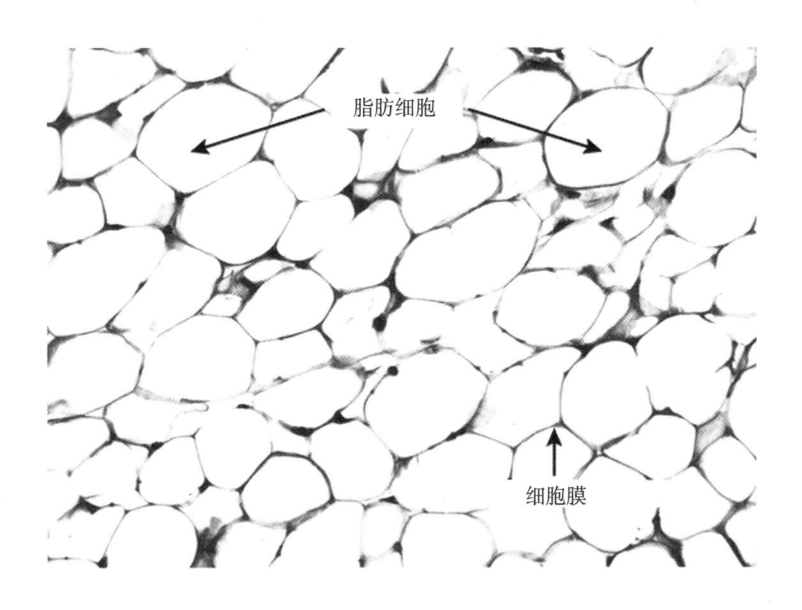

图1-4　脂肪组织

内最大的细胞，直径为30~120微米，脂肪细胞越大，里面的脂滴越多，出油率也就越高。

脂肪组织是仅次于肌肉组织的第二个重要组成部分，具有较高的食用价值，对于改善肉质、提高风味均有影响。如猪油中含有多种脂肪酸，饱和脂肪酸和不饱和脂肪酸的含量相当，并且能提供极高的热量，而且在人体中的消化吸收率较高，可达95%甚至更高，维生素A和维生素D含量很高。而且中医认为，猪油能利肠胃、通小便、利血脉、散宿血，还能提高食欲，增强免疫力。

脂肪在体内的蓄积，依动物种类、品种、年龄和肥育程度不同而异。脂肪蓄积在肌束内称为肌内脂肪，肌内脂肪越多，肉的大理石样纹理越丰富，肉质越好，肉也越香。

3.结缔组织

结缔组织是肉的次要成分，在动物体内对各器官组织起到支持和连接作用，使肌肉保持一定的弹性和硬度。结缔组织由细胞、纤维和无定形的基质组成。结缔组织纤维可分为胶原纤维（由胶原蛋白组成，是肌腱、皮肤、软骨等组织的主要成分，在沸水或弱酸中变成明胶；易被酸性胃液消化，而不被碱性胰液消化）、弹性纤维（主要成分是弹性蛋白和原纤维蛋白）和网状纤维（其主要成分为网状蛋白，主要分布于疏松结缔组织与其他组织的交界处，如在上皮组织的膜中以及脂肪组织、毛细血管周围均可见到极细致的网状纤维）三种（图1–5）。结缔组织的纤维一般难以分解和消化，影响肉品品质，其营养价值较低。

结缔组织为非全价蛋白，不易被消化吸收，能增加肉的硬度，降低肉的食用价值，常被用来加工胶冻类食品。牛肉结缔组织的吸收率为25%，而肌肉的吸收率为69%。由于各部位的肌肉中结缔组织含量不同，其硬度不同，肉的嫩度就不同。

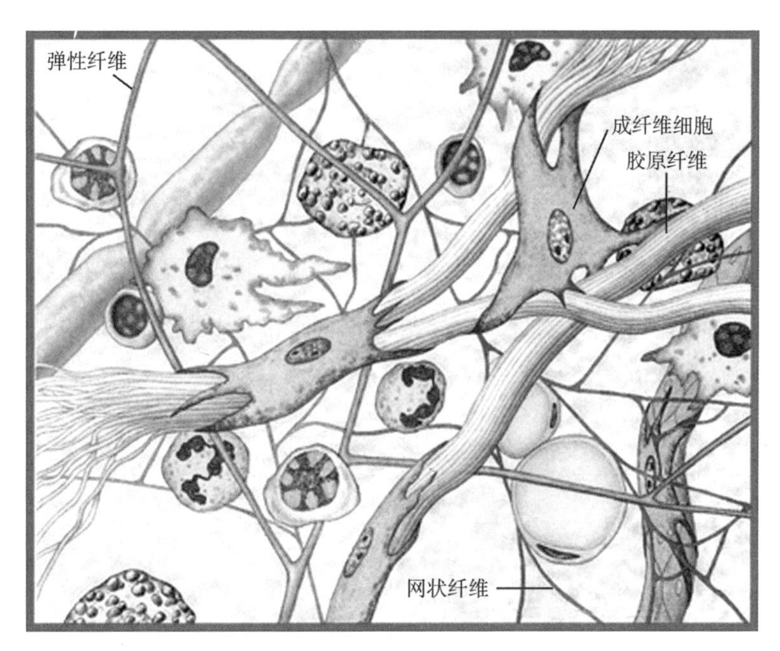

图1–5　结缔组织构成

4.骨骼组织

骨是由骨膜、骨质和骨髓构成的(图1–6)。骨膜是指结缔组织包围在骨骼表面的一层硬膜，里面有神经、血管。骨根据构造的致密程度可分为密质骨和松质骨，按形状又可分为管状骨、扁平骨和不规则骨，管状骨密质层厚，扁平骨密质层薄。在管状骨的管腔及其他骨的松质层孔隙内充满着骨髓。骨髓分红骨髓和黄骨髓。红骨髓含血管、细胞较多，为造血器官，幼龄动物含量高；黄骨髓主要是脂类，成年动物含量高。骨的化学成分中，水分占40%~50%，胶原蛋白占20%~30%，无机质约占20%。无机质的成

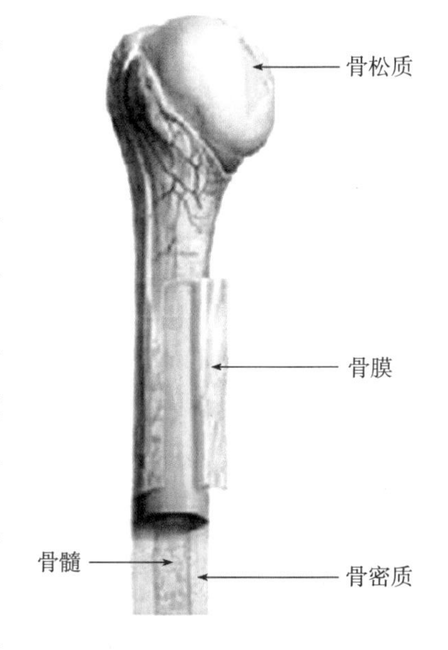

图1–6　骨的构造

分主要是钙和磷。

三 肉的化学成分

肉的化学成分主要包括水、蛋白质、脂肪、浸出物、维生素和矿物质等。这些成分受动物的种类、品种、性别、年龄、管理条件、营养状态及部位的不同而有变化，见表1-2。一般来讲，肌肉组织所含的固体物质中蛋白质是主要成分，占3/4左右。

表1-2 各种畜禽肉的化学组成

名称	水分/%	蛋白质/%	脂肪/%	灰分/%
牛肉(瘦)	65.7～71.3	16.5～21.3	7.9～13.7	0.8～1.1
牛肉(肥)	47.1～62.3	15.0～19.5	18.7～35.7	0.8～1.0
羊肉(瘦)	50.2～67.4	16.0～19.8	12.4～16.3	0.7～1.1
羊肉(肥)	39.9～43.3	13.9～14.7	41.7～44.9	0.8～1.0
猪肉(瘦)	38.7～57.2	12.4～14.5	34.2～50.0	0.8～1.0
猪肉(肥)	65.2～72.6	17.4～20.1	6.6～12.7	1.0～1.1
鸭肉	71.2	23.7	2.7	1.2
兔肉	73.5	24.2	1.9	1.5
鸡肉	71.8	19.5	7.8	2.0

1.水分

水是肉中含量最多的组成成分，且分布不均匀，其中肌肉含水为70%~80%，骨骼为12%~15%，皮肤为60%~70%。水分含量高低受很多因素的影响，畜禽膘情愈好，肉中水分含量愈低，畜禽年龄愈大，肉中水分含量愈低。肉中水分含量高低及存在状态影响肉的加工质量及贮藏性。一般来讲，保持适宜水分含量的肉和肉制品鲜嫩可口、多汁味美、色彩艳丽，但水分含量多时细菌、霉菌等微生物容易繁殖，引起肉的腐败变质。脱水后肉的颜色、风味和组织状态受到严重影响，并会加速脂肪氧化。肉

中的水分存在的形式大致可以分为三种:结合水、不易流动水和自由水。

2.蛋白质

肉中蛋白质的含量仅次于水的含量，大部分存在于动物的肌肉组织中。肌肉中蛋白质占鲜重的20%左右,占肉中固形物的80%。肌肉中的蛋白质按照其所存在于肌肉组织上位置的不同，可分为肌原纤维蛋白、肌浆蛋白和基质蛋白三类。

3.脂肪

动物脂肪可分为蓄积脂肪和组织脂肪两大类。蓄积脂肪包括皮下脂肪、肾周围脂肪、大网膜脂肪及肌肉间脂肪等,主要是中性脂肪,常见的脂肪酸有棕榈酸、油酸、硬脂酸;组织脂肪为肌肉及脏器内的脂肪,主要是磷脂,磷脂中不饱和脂肪酸含量高,容易氧化,肉的酸败程度与其有很大关系。

肉类脂肪有20多种脂肪酸,其中饱和脂肪酸以硬脂酸和软脂酸居多;不饱和脂肪酸以油酸居多,其次是亚油酸。硬脂酸的熔点为71.5 ℃,软脂酸为63 ℃,油酸为14 ℃,十八碳三烯酸为8 ℃。不同动物脂肪的脂肪酸组成不一致,相对来说鸡脂肪和猪脂肪含不饱和脂肪酸较多,牛脂肪和羊脂肪含饱和脂肪酸多些。

纯净的脂肪无味、无色、无臭,但含有其他成分的天然脂肪则因畜禽种类的不同而具有各种风味,如羊肉的特有气味,一般认为和辛酸、壬酸等中级饱和脂肪酸有关。

4.浸出物

浸出物是指除蛋白质、盐类、维生素等能溶于水的浸出性物质,包括含氮浸出物(非蛋白质的含氮物质,如游离氨基酸、磷酸肌酸、核苷酸类、胍基化合物等,这些物质是肉滋味的来源)和无氮浸出物(不含氮的可浸出性有机物质,包括碳水化合物和有机酸等)。

5.矿物质

矿物质是指一些无机盐类和元素，含量占1.5%。这些无机物在肉中有的以单独游离状态存在，如镁、钾、钠和钙离子，有的以整合状态存在，有的以与糖蛋白和酯结合方式存在，如硫、磷有机结合物。各种肉类中各种矿物质含量见表1–3。

表 1 – 3　每 100 克鲜肉中矿物质的含量

矿物质	猪肉	牛肉	小牛肉	羊肉	羔羊肉	鸡肉
Na^+/毫克	63.0	51.9	90.0	91.0	75.0	46.0
K^+/毫克	326.0	386.0	350.0	350.0	295.0	407.0
Mg^{2+}/毫克	23.0	20.1	15.0	27.2	15.0	17.8
Ca^{2+}/毫克	6.0	3.8	11.0	12.6	10.0	5.8
Fe^{3+}/毫克	2.1	2.8	29.0	1.7	1.2	2.2
Pb^{2+}/毫克	2.3	5.1	—	—	—	1.1
Cu^{2+}/毫克	0.1	0.2	—	0.2	—	—
Mn^{2+}/毫克	0.03	0.2	—	—	—	—
P^{3+}/毫克	248.0	167.0	193.0	195.0	147.0	339.0
Cl^-/毫克	54.2	56.2	—	84.0	—	144.0
S^{2-}/毫克	201.0	—	226.0	228.0	—	129.0

6.维生素

肉中维生素主要有维生素A、维生素B_1、维生素B_2、维生素C、维生素D、烟酸、叶酸等。其中脂溶性维生素较少，而水溶性维生素较多。肉是B族维生素的良好来源，尤其是人类膳食维生素B_{12}（钴胺素）和维生素B_6的重要来源。各种肉类的维生素含量也有不同，如猪肉中B族维生素特别丰富，但维生素A和维生素C很少，而牛肉中的叶酸、维生素E和B族维生素相对较多，见表1–4。

表 1-4 每 100 克鲜肉中维生素含量

维生素	牛肉	小牛肉	猪肉	羊肉	牛肝
维生素 A/国际单位	微量	微量	微量	微量	20 000.0
维生素 B_1/毫克	0.07	0.1	0	0.2	0.3
维生素 B_2/毫克	0.2	0.3	0.2	0.3	0.3
烟酸/毫克	5.0	7.0	5.0	5.0	13.0
泛酸/毫克	0.4	0.6	0.6	0.5	8.0
生物素/微克	3.0	5.0	1.0	3.0	300.0
叶酸/微克	10.0	2.0	3.0	3.0	2.7
维生素 B_6/毫克	0.3	0.3	0.5	0.4	50.0
维生素 B_{12}/微克	2.0	0	2.0	2.0	50.0
维生素 C/毫克	—	—	—	—	30.0
维生素 D/国际单位	微量	微量	微量	微量	45.0

四 肉的食用品质

1.肉的颜色

肉的颜色对肉的营养价值和风味并无较大影响，但在某种程度上影响食欲和商品价值,是重要的食用品质之一。肉的颜色一般呈现深浅不一的红色,这主要取决于肌肉中的色素物质——肌红蛋白和残余血液中的色素物质——血红蛋白。如果放血充分，则肌红蛋白占肉中色素的80%~90%,是决定肉色的关键物质。肌肉中肌红蛋白的含量和化学状态决定了肉的色泽。如鲜肉刚开始时显现的是肌红蛋白本身颜色即紫红色,随后肌红蛋白与氧结合后生成呈鲜红色的氧合肌红蛋白,因此紫红色和鲜红色都是肉新鲜的表现。肌红蛋白和氧合肌红蛋白均可被氧化生成高铁肌红蛋白,呈褐色,使肉色变暗,如图1-7所示。

肌肉中有硫化物存在时，肌红蛋白可与其发生反应生成硫代肌红蛋

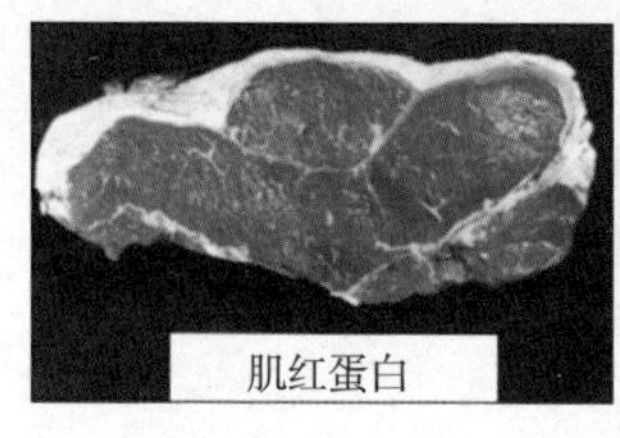

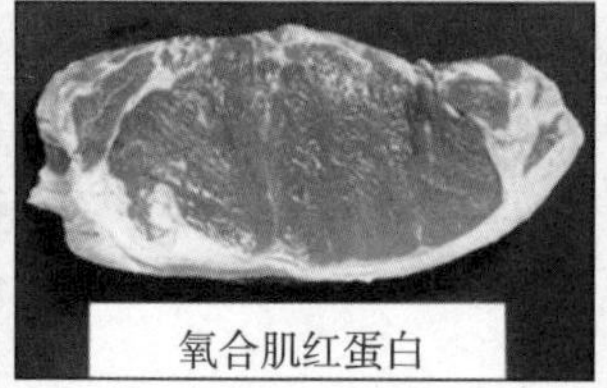

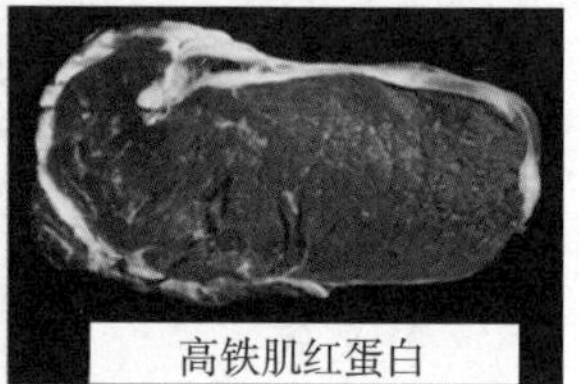

图1-7 不同颜色状态的肌肉

白,呈绿色,这是一种异色肉。肌红蛋白与亚硝酸盐反应生成亚硝基肌红蛋白,呈粉红色,是典型的腌肉颜色。肌红蛋白加热后变性形成珠蛋白与高铁血色原的复合物,呈灰褐色,是熟肉的典型色泽。

2.肉的嫩度

肉的嫩度又称为肉的柔软性,指肉在食用时口感的老嫩,反映了肉的质地,由肌肉中各种蛋白质的结构特性决定。在肉的宏观结构上,肌纤维的粗细及结缔组织的质地直接影响肉的嫩度。因动物的年龄、品种、肌肉部位等不同而有所不同。常采用的肌肉嫩化方法有吊挂、钙盐嫩化、电刺激嫩化、加热嫩化、生物酶解和高压嫩化等。

3.肉的风味

肉的风味是指生鲜肉的气味和加热后肉及肉制品的气味和滋味。它是由肉中固有成分经过复杂的生理生化变化产生的各种有机化合物所致,其特点是成分复杂多样,含量甚微,除少数成分外,多数不稳定,加热易破坏和挥发。肉的风味大都通过烹调产生,生鲜肉一般只有咸味、金属味和血腥味,当肉加热后,前体物质反应生成各种呈味物质,赋予肉以气味和滋味。这些物质主要通过美拉德反应、脂质氧化和一些物质的热降解三种途径形成。

肉的滋味物质主要有:

(1)甜味:葡萄糖、果糖、核糖、甘氨酸、丝氨酸、苏氨酸、赖氨酸、脯氨酸和羟脯氨酸。

（2）咸味：无机盐、谷氨酸钠和天冬氨酸钠。

（3）酸味：天冬氨酸、谷氨酸、组氨酸、天冬酰胺、琥珀酸、乳酸、二氢吡咯羧酸和磷酸。

（4）苦味：肌酸、肌酐酸、次黄嘌呤、鹅肌肽、肌肽、其他肽类、组氨酸、精氨酸、蛋氨酸、缬氨酸、亮氨酸、异亮氨酸、苯丙氨酸、色氨酸和酪氨酸。

（5）鲜味：谷氨酸钠、5-肌苷酸、5-鸟苷酸和肽类。

肉中的香味物质可列出上千种，各有特色，但对于哪些起主导作用则一直缺乏共识。近年来发现2-甲基-3-呋喃硫醇、糠基硫醇、3-巯基-2-戊酮和甲硫丁氨醛可能是肉的基本香味物质。

五 肉的加工特性

肉的加工特性主要包括溶解性、凝胶特性、乳化性、保水性等。影响肉的加工特性的因素很多，如肌肉中各种组织和成分的性质和含量、肌肉蛋白在加工中的变化、添加成分的影响等。

1.肉的溶解性

肌肉蛋白的溶解性是指在特定的提取条件下，溶解到溶液里的蛋白的量占总蛋白质量的百分比。蛋白的溶解性对肉的加工品质起到重要的作用，只有在肌肉蛋白溶解的情况下，对于斩拌肉糜类产品蛋白的加工功能特性才能得以显现。肌肉蛋白一般分为水溶性、盐溶性和不溶性蛋白。肌浆蛋白在水中或稀的盐溶液中呈可溶状态，肌原纤维蛋白是盐溶性蛋白，胶原蛋白（基质蛋白）在通常加工条件下是不溶的。

2.肉的凝胶特性

肌肉蛋白凝胶是肌肉蛋白分子解聚后交联而形成的集聚体。形成的凝胶网络中容纳了大量的水。在凝胶形成或凝胶化过程中，脂肪和水被蛋白质形成的三维网络结构所包裹。肌肉蛋白凝胶一般都由热诱导产生，形成的凝胶分为两种：肌球蛋白凝胶和混合肌原纤维蛋白凝胶。

3.肉的乳化性

乳化性是指在斩拌过程中，肌肉中蛋白质溶出（主要是肌球蛋白），同时脂肪被分散成微粒，溶出的肌球蛋白逐渐包裹脂肪微粒，形成一种由蛋白质包裹脂肪微粒的稳定的乳状体系。肌肉的乳化性对稳定乳化型肉制品中的脂肪具有重要作用。

4.肉的保水性

肉的保水性又称系水力或持水力，是指当肌肉受到外力作用时，其保持原有水分与添加水分的能力，关系到肉的多汁性和嫩度。所谓的外力指压力、切碎、冷冻、解冻、贮存、加工等。衡量肌肉保水性的指标主要有持水力、汁液损失、蒸煮损失等，汁液损失是描述生鲜肉保水性最常用的指标。

第二节　肉制品加工原理与方法

一 腌制

肉的腌制是指以食盐为主，添加或不添加硝酸盐、蔗糖、香辛料等调味调质料，对原料肉进行处理的工艺。通过腌制材料的渗透，达到给肉制品发色、增香、防腐等目的。

腌制是肉品贮藏的一种传统手段，即用食盐、食糖及其他香辛料渗入肌肉组织中，降低肌肉组织中水分的活度，提高其渗透压，有选择地控制微生物活动，抑制腐败菌生长，从而防止肉品腐败变质。随着肉类科学的发展，腌制作用已从过去单纯的防腐保藏发展到改善风味和色泽、提高

肉品的品质。

1.腌制作用

1)腌制的呈色机制

(1)色泽的形成:在腌制过程中,硝酸盐类与肌红蛋白发生一系列作用而使肉制品呈现诱人的色泽。肉在腌制时会加速肌肉中的呈色物质——血红蛋白和肌红蛋白的氧化，形成高铁血红蛋白和高铁肌红蛋白,使肌肉丧失天然色泽,变成带紫色调的浅灰色。加入硝酸盐(或亚硝酸盐)后,肌肉中色素蛋白和亚硝酸盐发生化学反应,形成鲜艳的亚硝基肌红蛋白(NO-Mb),这是形成腌肉色泽的主要成分,在之后的热加工中又会形成稳定的粉红色。

(2)影响腌肉色泽的因素:

①硝酸盐和亚硝酸盐的使用量。肉制品的色泽与亚硝酸盐的使用量有关,用量不足时,颜色淡而不均,在空气中氧气的作用下会迅速变色,造成贮藏后色泽的恶劣变化。为了保证肉呈红色,亚硝酸钠的用量为0.05克/千克。但是亚硝酸盐用量过大时,过量的亚硝酸根的存在又能使血红蛋白中的卟啉环的α-甲炔键硝基化,生成绿色的衍生物。

②肉的pH。肉的pH影响亚硝酸盐的发色作用。亚硝酸钠只有在酸性介质中才能还原成NO,从而形成鲜艳的亚硝基肌红蛋白腌肉色泽。在肉品加工中,为了提高肉制品的持水性,常加入碱性磷酸盐,会使肉中pH向中性偏移,造成呈色效果不好,颜色偏淡,因此必须注意磷酸盐的用量。在过低的pH环境中,亚硝酸盐的消耗量增大,但若盲目增加亚硝酸盐用量,又容易引起绿变。一般发色的最适宜的pH范围为5.6~6.0。

③温度。生肉呈色的进程比较缓慢,经过烘烤、加热后则反应速度加快。肉品加工中,腌好的肉料若处理不及时,易褪色,这就要求迅速操作,及时加热。

④腌制添加剂。添加抗坏血酸，当其用量高于亚硝酸盐时，在腌制时可起辅助呈色作用，在贮藏时可起护色作用；蔗糖和葡萄糖由于其还原作用，可影响肉色强度和稳定性；加烟酸、烟酰胺也可形成比较稳定的红色，但这些物质没有防腐作用，因此暂时还不能代替亚硝酸钠。

⑤其他因素。微生物和光线等影响腌肉色泽的稳定性。肌肉中的亚硝基肌红蛋白不仅受微生物影响引起卟啉环变化造成褪色发黄，而且对可见光线也不稳定，在光的作用下会生成绿色、黄色和无色的衍生物。

综上所述，为了使腌肉制品获得良好的腌制颜色，要选择新鲜的原料，根据腌制时间长短，选择合适的发色剂，掌握适当的用量，在适宜的pH条件下严格操作。此外，要注意低温、避光，并采用添加抗氧化剂、真空或充氮包装、添加去氧剂脱氧等方法避免氧的影响，以保持腌肉制品的色泽。

2)腌制风味的形成

腌腊肉制品风味一是来自调味料（氯化钠、亚硝酸钠、香辛料、酒、味精、酱油等）；二是肌肉在组织酶、微生物酶的作用下，由蛋白质、浸出物和脂肪变化的混合物形成；三是来自脂肪缓慢轻度氧化的“哈败味”——腌腊制品特有的香气。而非腌制肉制品，基本靠香辛料起味。

至于腌腊肉制品的风味物质，截至目前从各种腌腊肉制品中检测出260多种挥发性化合物，主要是烃、醛、醇、酮、酯、羧酸、内酯、含硫化合物、呋喃、吡嗪等。通常条件下，出现特有的腌制香味需腌制10~14天，腌制21天香味明显，40~50天达到最大限度。

2.腌制方法

1)主要腌制材料的作用

(1)食盐的作用：

①调味作用：通常肉中盐含量为1.8%~2.0%时，是大部分消费者的正

常咸度口感。

②防腐作用:当腌制的食盐浓度为10%~12%时,大多数腐败微生物的生长受到抑制。

③食盐浓度为5.8%时,能提高肉的保水性,改善肉的功能特性。

(2)硝酸盐和亚硝酸盐的作用:

①抑菌作用:能抑制肉毒梭状芽孢杆菌及其他许多类型的腐败菌的生长。

②发色作用:形成一氧化氮肌红蛋白,具有良好的呈色作用。

③抗氧化作用:硝酸盐与亚硝酸盐具有还原性,能延缓腌肉腐败。

④促进腌肉风味的形成:如果不添加硝酸盐或亚硝酸盐,那么腌肉制品将仅带有咸味而已。同时,硝酸盐和亚硝酸盐还可抑制蒸煮味的产生。

⑤毒性作用:过量使用硝酸盐和亚硝酸盐会生成二甲基亚硝胺,对人体造成伤害。

(3)抗坏血酸盐和异抗坏血酸盐的作用:

①助色作用:抗坏血酸与亚硝酸反应,产生游离的一氧化氮,而抗坏血酸被氧化成脱氢抗坏血酸,可辅助腌肉发色。

②减少亚硝胺的形成:抗坏血酸及其钠盐与亚硝酸盐有较高的亲和力,其可与腌肉中剩余的亚硝酸盐反应,减少亚硝胺的形成。

③稳定腌肉的颜色和风味:抗坏血酸能起到抗氧化的作用,可稳定腌肉的颜色和风味。

④加快腌制的速度:抗坏血酸有利于高铁肌红蛋白还原为亚铁肌红蛋白,因而加快了腌制的速度。

(4)磷酸盐的作用:

①提高肉的pH。

②提高肉的离子强度,增强保水性。

③解离肌动球蛋白为肌球蛋白和肌动蛋白,与肌肉蛋白质结合。

④螯合肉中的金属离子(钙、镁),使肌肉蛋白游离出更多的羧基,羧基具有静电作用,又能使蛋白质结构松弛,提高保水性。

(5)糖的作用:

①辅助呈色作用:在腌制时还原糖能吸收氧而防止肉品脱色,为硝酸盐还原菌提供能量,使硝酸盐转变为亚硝酸盐,加速一氧化氮的形成,使发色作用更佳。

②增加嫩度,提高出品率:糖利于肉中胶原结构的膨润和松软,从而能提高肉的嫩度;糖类的羟基为亲水性的结构,能增强肉的保水性,提高出品率。

③调味作用:缓和咸味,助鲜味。

④产生风味物质:与(含硫)氨基酸之间发生美拉德反应,产生醛类等羰基化合物和含硫化合物,增加肉的风味。

⑤促进发酵进程:可作为微生物的营养物质,促进肉制品发酵进程的进行。

2)腌制方法

肉的腌制方法有很多,大致可分为干腌法、湿腌法、混合腌制法、滚揉腌制法等。不同原料、不同产品对腌制方法有不同的要求,有的产品采用一种腌制法即可,有的产品则需要采用两种甚至两种以上的腌制法。目前,盐水注射结合滚揉腌制在现代化的肉品加工中是较常使用的方法。

(1)干腌法。干腌法是将食盐或混合盐均匀地涂擦在肉的表面,再把肉层叠在腌制架上或腌制容器中,依靠外渗汁液形成的盐液进行腌制。在食盐的渗透压和吸湿性的作用下,肉中的组织液渗出水分并溶解食盐形成食盐溶液,食盐溶液中的溶质借助于渗透压的作用向肉中扩散,从而完成腌制过程(图1-8)。

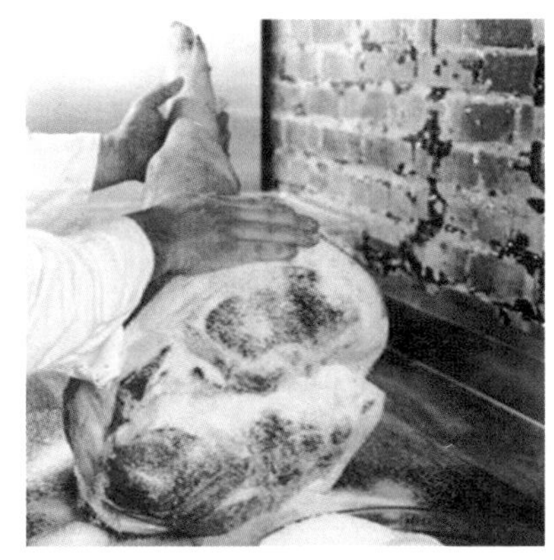

图1-8　干腌法

干腌法的优点：简单易行，耐贮藏。缺点：腌制时间长，咸度不均匀，费工，制品的重量和养分减少。

（2）湿腌法。湿腌法是将盐和其他配料配成饱和盐水卤，然后将肉浸泡在其中，通过溶质的扩散和溶剂的渗透，让腌制剂渗入肉内部，并获得比较均匀的分布（图1-9）。

图1-9　湿腌法

湿腌法的优点：渗透速度快，省时省力，质量均匀，腌制液再制后可以重复使用。缺点：肉的蛋白质流失严重；产品色泽和风味不如干腌制品好；由于含水较多，产品不易保藏；腌制的时间较长。

（3）混合腌制法。混合腌制法是将干腌法、湿腌法结合起来进行腌制的方法。一是先湿腌，再用干的盐硝混合物涂擦；二是先干腌后湿腌。混合腌制法可以增加制品贮藏时的稳定性，避免湿腌法因水分外渗而降低浓度，干腌能及时溶解外渗水分；同时腌制时不像干腌那样会让食品表面过度脱水，从而避免营养物过分损失；另外，内部发酵或腐败也能被有效阻止。

(4)盐水注射法。盐水注射法是用专门的盐水注射机(图1-10)把已配好的腌制液通过针头注射到肉中而进行腌制的方法，是一种快速腌制法，常与滚揉工艺结合使用进行腌制。注射的方法有动脉血管注射和肌肉注射。注射的盐水的温度和腌制温度应控制在0~10 ℃。

图1-10　盐水注射机

二 斩拌与乳化

斩拌是用斩拌机(图1-11)对肉(含各种辅料)进行细切和乳化的过程。生产肉糜型的灌肠(乳化肠)，需要使用斩拌机进行斩拌乳化。

1.斩拌的目的和作用

一是通过斩拌破坏结缔组织薄膜，使肌肉中盐溶性蛋白充分释放出来，从而提高肉馅的黏结性、保水性和出品率；二是乳化作用，改善肉的

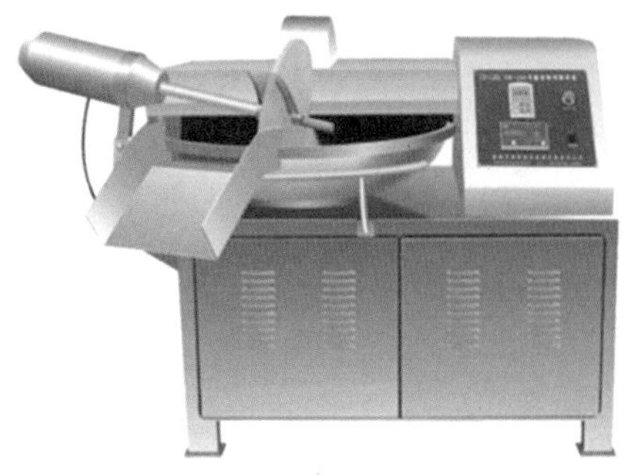

图1-11 斩拌机

结构状况,使瘦肉和肥肉充分拌匀,结合更牢固,防止产品热加工时"走油";三是提高肉的嫩度和肉制品的弹性。

2.斩拌原理

肌动蛋白和肌球蛋白是具有结构的丝状蛋白体,其外面由一层结缔组织膜包裹着,不打开这层膜,蛋白就只能保持本体的水分,不能吸收保持外来水分。因此,斩拌就是为了打开这层膜,使蛋白质游离出来,这些游离出来的蛋白质吸收水分,并膨胀形成网状蛋白质凝胶。这种蛋白质凝胶还具有很强的乳化性,能包裹住脂肪颗粒,因此又达到了保油的目的。

3.斩拌操作

工业斩拌通常使用斩拌机进行操作,斩拌机兼有斩拌、搅拌、乳化等功能。斩拌机分为真空斩拌机和非真空斩拌机两种。前者在真空下工作,具有卫生条件好、盐溶性蛋白溶出多、能够防止脂肪氧化、物料温度升高幅度小、产品质量好等优点;后者不带真空系统,在常压下工作。

4.影响斩拌质量的因素

影响斩拌质量的因素包括刀轴转速、装载量、斩拌时长、斩拌刀的锋利程度、斩拌顺序等。具体如下:

(1)刀轴转速:大型斩拌机的刀轴一般都具有3个转动速度,转速越高，乳化效果越好，但容易造成升温较大，因此必须控制好最终温度，如加冰和低温控制。

(2)装载量：应合理，过多或过少都影响斩拌质量。合理的装载量应是所有的材料添加完后，肉馅至锅边沿5厘米距离。

(3)斩拌时长：随着斩拌时长的增加，瘦肉斩得越来越细，有利于达到良好的乳化状态，但同时脂肪细胞膜破坏的概率增大，使产品油水分离(出油)的风险增大，因此一般有效斩拌时长控制在5~8分钟即可。

(4)斩拌刀的锋利程度：其直接影响斩拌温度、时间、肉组织破坏及乳化效果。斩拌刀应由专业技术人员定期研磨，且安装时对称的刀重量应一致。

(5)斩拌顺序：首先添加腌制剂，斩拌瘦肉，使蛋白质充分溶出，再加入脂肪斩拌，这样才能充分乳化脂肪细胞分离出的油滴。理论上，瘦肉和脂肪的比例在1:1的情况下，就可以充分包住脂肪。为了避免油脂的析出，可将脂肪提前制作为乳化脂，然后加到原料肉中进行斩拌。由于乳化脂对脂肪颗粒进行了很好的包埋，与肌原纤维蛋白形成的网状结构是一种非常稳定的凝胶体系，因此即使乳化脂添加量较多，也不易出油。

三 煮制

煮制是对原料肉用水、蒸汽、油炸等加热方式进行加工的过程。煮制可以改变肉的感官性状，提高肉的风味和嫩度，达到熟制的目的。同时，煮制可以杀死肉中的微生物和寄生虫，提高制品的耐保存性。

1.肉在煮制过程中的变化

1)蛋白质的变化

肉在加热煮制过程中，肌肉蛋白质因发生热变性凝固，引起肉、汁分离，体积缩小且变硬，同时肉的保水性、pH、酸性基团、碱性基团及可溶性

蛋白质发生相应的变化。随着加热温度的上升，肌肉蛋白质的变化归纳如下：

(1)20~30 ℃：保水性、硬度、可溶性几乎无变化。

(2)30~40 ℃：随着温度上升，保水性缓慢地下降。在30~35 ℃时开始凝固，硬度增加，蛋白质的可溶性、ATP酶的活性也产生变化。折叠的肽链伸展，以盐键结合或以氢键结合的形式产生新的侧链结合。

(3)40~50 ℃：保水性急剧下降，硬度也随温度的上升而急剧增加，等电点移向碱性方向，酸性基特别是羧基减少，而形成酯结合的侧链R—COO—R′。

(4)50~55 ℃：保水性、硬度、pH等暂时停止变化，酸性基持续减少。

(5)55~80 ℃：55 ℃以上，保水性又开始下降，硬度增加，分子之间继续形成新的侧链结合，进一步凝固。到60~70 ℃时，肉的热变性基本结束。60 ℃时肉汁开始流出；70 ℃时肉凝结收缩，肉中色素变性，由红色变为灰白色；80 ℃呈酸性反应时，结缔组织开始水解，胶原纤维变为可溶于水的胶原蛋白，各肌束间的连接性减弱，肉变软。

(6)80~100 ℃：80 ℃以上开始生成硫化氢，影响着高温加热肉的风味，使肉的风味降低。90 ℃下煮制时间稍长导致蛋白质凝固硬化，盐类及浸出物从肉中析出，肌纤维强烈收缩，肉反而变硬；继续煮沸(100 ℃)，蛋白质、碳水化合物部分水解，肌纤维断裂，肉被煮熟(烂)。

在煮制时约有2.5%的可溶性蛋白质进入肉汤中，此类蛋白质加热凝固形成污灰色泡沫，浮于肉汤表面，为肉汤中唯一的全价蛋白，但在传统的煮制加工中，多被撇掉。肉汤中全部的干物质(从肉中溶出的，不包括添加的)达肉质量的2.5%~3.5%，主要是含氮浸出物和盐类，如不把可溶性蛋白质撇掉，再加上调味料，将对煮肉制品呈味起主要作用。

2)质量减轻与肉质收缩变硬或软化

肉类在煮制过程中最明显的变化是失去水分、质量减轻，如以中等肥度的猪、牛、羊肉为原料，在100 ℃的水中煮沸30分钟质量减少的情况见表1-5。

表1-5　肉类水煮时质量的减少比例

类别	水分/%	蛋白质/%	脂肪/%	其他/%	总量/%
猪肉	21.3	0.9	2.1	0.3	24.6
牛肉	32.2	1.8	0.6	0.5	35.1
羊肉	26.9	1.5	6.3	0.4	35.1

为了减少肉类在煮制时营养物质的损失，提高出品率，在原料加热前应经过预煮过程。预煮使产品表面蛋白质立即凝固，形成保护层，可减少营养成分的损失，提高出品率。用150 ℃以上的高温油炸，亦可减少有效成分的流失。此外，肌浆蛋白质受热之后由于蛋白质的凝固作用，肌肉组织收缩硬化，并失去黏性。但若继续加热，随着结缔组织中胶原蛋白质水解转化成明胶等变化，肉质又变软。

3)脂肪的变化

加热时脂肪熔化，包围脂肪滴的结缔组织受热收缩使脂肪细胞受到较大的压力，细胞膜破裂，脂肪熔化流出。随着脂肪的熔化，其释放出某些与脂肪相关联的挥发性化合物，这些物质给肉和汤增补了香气。煮制时肉中的脂肪会分离出来，不同动物脂肪所需的温度不同，牛脂为42~52 ℃，牛骨脂为36~45 ℃，羊脂为44~55 ℃，猪脂为28~48 ℃，禽脂为26~40 ℃。

4)结缔组织的变化

肌肉中结缔组织含量多，则肉质坚韧，但在70 ℃以上水中长时间煮制，结缔组织多的反而比结缔组织少的肉质柔嫩，这是由于此时结缔组织受热软化的程度对肉的柔软起着主导作用。结缔组织中的蛋白质主要是胶原蛋白和弹性蛋白，一般加热条件下弹性蛋白几乎不发生变化，主要是胶原蛋白的变化。肉在水中煮制时，由于肌肉组织中胶原纤维在动物体不同部位的分布不同，肉发生收缩变形的情况也不一样。当加热到64.5 ℃时，其胶原纤维在长度方向可迅速收缩到原长度的60%。因此肉在煮制时收缩变形的大小是由肌肉结缔组织的分布所决定的。胶原蛋白变成明胶的速度，虽然随着温度升高而增加，但只有在接近100 ℃时才能迅速转变，同时亦与沸腾的状态有关，沸腾得越激烈，转变得越快。

5)风味的变化

生肉的风味是很弱的，但是加热之后，不同种类动物肉产生很强的特有风味，通常认为这是加热导致肉中的水溶性成分和脂肪的变化所形成的。加热肉的风味成分，与氨、硫化氢、胺类、羰基化合物、低级脂肪酸等有关。肉的风味里，有共同的部分，主要是水溶性物质如氨基酸、肽和低分子的碳水化合物之间进行反应的一些生成物。特殊成分则是因为不同种肉类的脂肪和脂溶性物质的不同，由加热形成特有风味。

6)浸出物的变化

在煮制时浸出物的成分是复杂的，主要是含氮浸出物、游离氨基酸、尿素、肽的衍生物、嘌呤碱等。其中，以游离氨基酸最多，如谷氨酸等，它具有特殊的芳香气味，当浓度达到0.08%时，即会出现肉的特有芳香气味。此外，如丝氨酸、丙氨酸等也具有香味，成熟的肉所含的游离状态的次黄嘌呤，也是形成肉特有芳香气味的主要成分。

7)颜色的变化

当肉温在60 ℃以下时，肉色几乎不发生明显变化；65~70 ℃时，肉变成桃红色，再提高温度则变为淡红色；在75 ℃以上时，肉完全变为褐色。这种变化是由肌肉中的肌红蛋白受热作用逐渐发生变性所致。此外，用硝酸盐或亚硝酸盐腌制发色的肉，由于其肌红蛋白已经变成对热稳定的亚硝基肌红蛋白,煮制后会变成鲜艳的红色。

2.煮制方法

酱卤肉制品加工中的煮制方法包括清煮和红烧。

1)清煮

清煮又称预煮、白煮、白锅等。其方法是将整理后的原料肉投入沸水中,不加任何调料,用较多的清水进行煮制。清煮的目的主要是去掉肉中的血水和肉本身的腥味或气味,在红烧前进行,清煮的时间因原料肉的形态和性质不同有所差异,一般为15~40分钟。清煮后的肉汤称白汤,清煮猪肉的白汤可作为红烧时的汤汁基础再使用,但清煮牛肉及内脏的白汤除外。

2)红烧

红烧又称红锅。其方法是将预煮后的肉放入加有各种调味料、香辛料的汤汁中进行烧煮,是酱卤肉制品加工的关键性工序。红烧不仅可使肉品加热熟制,更重要的是使产品的色、香、味及产品的化学成分有较大的改变。红烧的时间,随产品和肉质的不同而不同,一般为1~4小时。红烧后剩余之汤汁叫老汤或红汤,要妥善保存,待以后继续使用。制品加入老汤进行红烧风味更佳。

在煮制过程中,根据火焰的大小强弱和锅内汤汁情况,可分为大火、中火、小火三种。

(1)大火又称旺火、急火等。大火的火焰高强而稳定,锅内汤汁剧烈沸腾。

(2)中火又称温火、文火等。火焰较低弱而摇晃,锅内汤汁沸腾,但不强烈。

(3)小火又称微火。火焰很弱而摇晃不定,锅内汤汁微沸或缓缓冒气。

四 烟熏

烟熏是利用没有完全燃烧的木材烟气熏制肉制品的过程。肉品经过烟熏,不仅获得特有的烟熏味,而且保存期延长。它是沿用多年的传统肉制品加工方法,世界各地人们对不同浓度的烟熏味均有一定的喜好。中式肉制品如熏制腊肉、腊肠等,西式肉制品如灌肠、火腿、培根、生熏腿、熟熏圆腿等,均需经过烟熏。

1.烟熏的目的、作用、方法与设备

1)烟熏的目的与作用

烟熏的目的与作用主要有:

(1)赋予制品特殊的烟熏风味,提高制品的适口性。烟气中的许多有机化合物附着在制品上,赋予制品特有的烟熏香味,如有机酸(蚁酸和醋酸)、醛、醇、酯、酚类等,特别是酚类,是最重要的风味物质。

(2)发色作用。熏烟中的羰基化合物和肉蛋白质或游离氨基发生美拉德反应;熏烟加热促进硝酸盐还原菌增殖及蛋白质的热变性,促进一氧化氮血素原形成稳定的颜色;受热有脂肪外渗起到润色作用。

(3)杀菌作用。烟中的有机酸、醛和酚类杀菌作用较强。

(4)抗氧化作用。熏烟中抗氧化作用最强的是酚类,其中以邻苯二酚和邻苯三酚及其衍生物作用尤为显著。

(5)脱水干燥作用。肉制品的烟熏过程也是一个干燥过程。

2)烟熏的方法

(1)冷熏法:原料肉经过较长时间的腌渍,带有较强的咸味以后,在低温下(15~30 ℃,平均25 ℃)进行较长时间(4~7天)的熏制。

(2)温熏法:原料肉经过适当的腌渍(有时还可加调味料)后,在30~50 ℃的温度条件下,经过1~2天的烟熏处理的方法被称为温熏法。

(3)热熏法:热熏温度为50~80 ℃,通常在60 ℃左右,是应用较广泛的一种方法。因为熏制的温度较高,制品在短时间内就能形成较好的熏烟色泽。但是熏制的温度必须缓慢升高,如若升温过急,可能产生发色不均匀的现象。

(4)液熏法:用液态烟熏制剂代替烟熏的方法称为液熏法。液态烟熏制剂一般由硬木干馏制成并经过特殊净化处理而得。

(5)电熏法:在烟熏室配制电线,电线上吊挂原料肉后,给电线通10~20 kV 高压直流电或交流电,进行放电,熏烟由于放电而带电荷,可以更深地进入肉内,以提高风味,延长贮藏期。电熏法使制品贮藏期增加,不易生霉;烟熏时间缩短,只有温熏法的 1/2。但用电熏法时熏烟在物体的尖端部分沉积较多,造成烟熏不均匀,再加上成本较高等因素,目前电熏法还不普及。

(6)焙熏法:焙熏法的烟熏温度为90~120 ℃,是一种特殊的熏烤方法。由于熏制的温度较高,熏制过程中即达到熟制的目的。

3)烟熏的设备

烟熏室的形式有多种,有大型连续式、间歇式的,也有家庭使用的小型简易式。烟熏室应尽可能达到下面几种要求:

(1)温度和发烟能自由调节。

(2)烟在烟熏室内能均匀扩散。

(3)防火、通风。

(4)熏材的用量少。

(5)建筑费用尽可能少。

(6)操作便利,最好能调节湿度。

烟熏设备主要有简易烟熏室(自然空气循环式)和强制通风式烟熏装置,目前常用烟熏蒸煮干燥一体机来进行烟熏加工(图1-12)。

图1-12　烟熏蒸煮干燥一体机

2.烟熏肉制品中有害成分的控制

肉制品的传统烟熏方法中多环芳香类化合物易沉积或吸附在腌肉制品表面，其中3，4-苯并芘及二苯并蒽是两种强致癌物质；熏烟还可以通过直接或间接作用促进亚硝胺形成。因此，必须采取措施减少熏烟中有害成分的产生及对制品的污染，以确保肉品的食用安全。常用的控制烟熏肉制品中有害成分的方法如下：

（1）控制发烟温度。发烟温度直接影响3，4-苯并芘的形成，发烟温度低于400 ℃时有极微量的3，4-苯并芘产生，当发烟温度处于400~1 000 ℃时，便形成大量的3，4-苯并芘，因此控制好发烟温度，使熏材轻度燃烧，对减少致癌物是极为有利的，但熏烟中的有用成分如酚类、羰基化合物和有机酸等的生成量会受影响。为了使熏烟中含有尽量多的有用成分和相对较少的有害物质，一般认为理想的发烟温度为340~350 ℃。

（2）湿烟法。用机械的方法把高热的水蒸气和混合物强行通过木屑，使木屑产生烟雾，并将之引进烟熏室，同样能达到烟熏的目的，而且不会产生污染制品的3,4–苯并芘。

(3)室外发烟净化法。熏烟成分可受温度和静电处理的影响。采用室外发烟,在烟气进入烟熏室之前经过滤、冷气淋洗及静电沉淀等处理后,可将高沸点成分如焦油、多环烃及固体颗粒等减少到一定范围。再通入烟熏室熏制食品,这样可以大大降低有害物质的含量。

(4)液熏法。液态烟熏制剂制备时,一般用过滤等方法已除去了焦油小滴和多环烃。因此,液熏法的使用是目前的发展趋势。目前,世界上先进国家生产的熏制食品基本上都是采用液熏技术。

(5)隔离保护法。3,4–苯并芘分子比烟气成分中其他物质的分子要大得多,而且它大部分附着在固体微粒上,对食品的污染部位主要集中在产品的表层,所以可采用过滤的方法,阻隔3,4–苯并芘,而不妨碍烟气有益成分渗入制品中,从而达到烟熏目的。有效的措施是使用肠衣,特别是人造肠衣如纤维素肠衣,对有害物有良好的阻隔作用。

五 干制

1.干制及干制的目的

干制是将肉中一部分水分排除的过程,又称为脱水,曾是一种历史悠久的肉品保藏方法。随着干燥设备的研制和干燥方法的创新,目前干制已成为肉品加工的一种重要的方法。肉品经过干制,水分含量降低到20%以下,耐藏性提高,质量减轻、体积缩小,便于运输和携带。同时,干制还能改善肉制品的风味,适应消费者的喜好。

2.干制方法

肉类脱水干制方法目前已有自然干燥法、人工干燥法(又分为烘炒干制法、烘房干燥法)、低温冷冻升华干燥法等。按照干制时产品所处的压力和加热源的不同,干制方法又可分为常压干燥、微波干燥和减压干燥。

1)根据干燥的方式分类

(1)自然干燥法:要求设备简单,费用低,但受自然条件的限制,温度条件很难控制,大规模生产时很少采用,只是在某些产品加工中作为辅助工序采用,如腊肉、风干香肠的干制等(图1-13)。

图1-13　自然干燥

(2)烘炒干制法:亦称传导干制法。可以在常温下干燥,亦可在真空下进行。加工肉松都是采用这种方式。

(3)烘房干燥法:亦称对流热风干燥法。在烘房或烘干设备中,直接以高温的热空气为热源,借对流传热将热量传给物料,故又称为直接加热干燥(图1-14)。热空气既是热载体,又是湿载体,如腊肉、板鸭等的加工。

(4)低温冷冻干燥法:将食品预先冻结,食品中的水变成冰,在真空条件下,冰直接从固态变成水蒸气(升华)而脱水(图1-15)。冷冻干燥的条件一般为:真空室的绝对压力<500 Pa,冷冻温度<-4 ℃。

2)按照干制时产品所处的压力和热源分类

根据干燥时的压力,肉制品干燥方法包括常压干燥、减压干燥。减压干燥又分为真空干燥和冻结干燥。另外,还可以对肉品进行微波干燥。

图1-14　烘房及烘干设备

图1-15　低温冷冻干燥设备

六 嫩化

1.嫩化机制

肉嫩化的机制就是利用物理、化学及生物学方法处理原料肉，改变肌肉组织结构以达到提高肉嫩度的目的。

2.嫩化方法

1)物理嫩化法

(1)低温吊挂自动排酸法。将屠宰后的胴体后腿吊挂送入温度低、湿度大(约为85%)的冷却室冷却一段时间,一是借助肌肉本身重力作用;二是借助牲畜各组织中存在着的分解蛋白质的组织蛋白酶类的作用,使肉变得柔嫩多汁、风味增加。这种方法就是肉类加工业常说的排酸成熟。

(2)机械嫩化法。利用机械力的作用使肉嫩化,是常用的嫩化方法。根据作用方式不同,机械嫩化法可分为滚揉嫩化法、嫩化机嫩化法、绞碎嫩化法及再成形嫩化法。

滚揉是西式火腿加工中的重要工序,是把经过腌制的肉块采用滚揉机进行滚揉,使肌肉组织发生改变。嫩化机是通过机械上许多锋利的刀板或者尖针压迫肉体,由于机械力的作用,肌纤维细胞和肌间结缔组织被切断、打碎,肉的正常结构被破坏,改变了肌肉组织的性能,增大肉的表面积,使肉的黏着性、持水性提高,从而达到嫩化的目的。

(3)电刺激嫩化法。电刺激是采用探针或电极,利用电流对放血完全的胴体进行刺激的一种方法。该法是将电极与屠宰后的屠体头尾相接进行电流刺激,使引起肌肉收缩的能量耗尽,肌肉纤维便处于松弛状态而感觉柔嫩。经电刺激的肉体,由于电流的作用,肌肉中三磷酸腺苷迅速降解,糖原分解产生各种有机酸,其pH很快下降到6.0以下,这时再对肉进行冷加工,就可以防止肉的寒冷收缩,从而提高嫩度。

(4)超高压嫩化法。高压(1~10兆帕)嫩化具有嫩化效果明显、作用均一等优点,不仅合乎卫生条件(处理前进行真空包装),不会增加微生物污染的机会,而且可以起到杀菌作用。其工序是先将肉进行真空包装,在高压下处理10分钟,即可提高肉的嫩度,还可延长保质期。高压处理所需能耗较低,且不会造成污染,有利于环境保护,还顺应了目前小包装分割冷却肉的国际消费趋势,极具发展前景。然而,设备投资较大对该工艺的发展起到了限制作用。

(5)超声波嫩化法。超声波也是一种有效的嫩化方法,具有方便、快速的优点。超声波是一种机械弹性振动波，其独特的空化作用、热效应和机械作用，对提高肉质的嫩度、促进蛋白质的溶出和减少微生物等都能起到积极作用。

2）化学嫩化法

（1）多聚磷酸盐嫩化法。在西式火腿、灌肠加工中应用多聚磷酸盐使肉品细嫩、口感良好，切片性及出品率提高。多聚磷酸盐包括焦磷酸盐、偏磷酸盐和三聚磷酸盐。嫩化方法是将多聚磷酸盐配成腌制液用于腌制或注入肉中，然后进行滚揉。一般添加量为肉质量的0.1%~0.45%，不超过0.5%。有报道称，复合磷酸盐对肉制品的作用优于单一磷酸盐，当聚磷酸钠、焦磷酸钠、偏磷酸钠以2:1:1添加0.4%时，效果较佳。

（2）钙盐注射嫩化法。此法是随着钙激活酶学说的不断成熟，于20世纪80年代后期建立起来的一种改善肉嫩度的方法。其通常以氯化钙（$CaCl_2$）为嫩化剂，用量为肉质量的5%~10%，可以采取肌内注射、浸渍腌制等方法进行处理，都可取得良好的嫩化效果，为肉嫩化提供了一个新的途径。其作用机制可能是：高浓度的钙离子渗透到肌细胞中，激活中性蛋白酶及碱性磷酸酶，促进糖酵解，加速溶酶体破裂、组织蛋白释出，共同促进了嫩度的提高。

3）生物嫩化法

生物嫩化法主要指蛋白酶嫩化法，在牛肉的嫩化中应用较广。所用的酶有植物性蛋白酶（木瓜蛋白酶、菠萝蛋白酶、无花果蛋白酶等）、细菌性蛋白酶（枯草杆菌的碱性蛋白酶、中性蛋白酶、嗜热芽孢杆菌的耐热性蛋白酶）、霉菌和放线菌蛋白酶等几大类。其中，以植物性蛋白酶的嫩化效果为好，它可分解胶原和弹性蛋白，能够特异性地水解肌肉中的结缔组织纤维，使其成为无定型团块；而细菌性蛋白酶只能消化肌肉细胞内膜，使肌肉横纹消失，不能水解结缔组织纤维。嫩化时，先将蛋白酶配制成水

溶液，在屠宰放血后用压力注射器将酶注入畜体内，或者在宰前将酶注射到血液系统，也可将肉块浸入溶液中以达到嫩化的目的。

总之，肉的嫩化方法很多，各有所长。在肉的加工中综合利用它们，效果更佳。

七 油炸

油炸是利用油脂在较高的温度下对肉品进行热加工的过程。肉品在高温油炸作用下快速致熟，表面迅速形成干燥层，从而最大限度地将营养成分保持在肉制品内且不易流失，并赋予产品特有的色泽和浓郁油香味。同时，油炸能高温灭菌，有助于延长肉制品的保质期。油炸作为肉品熟制和干制的一种加工工艺由来已久，是最古老的烹调方法之一。

1.油炸的作用

油炸的主要目的是改善食品的风味和色泽。油脂作为传热介质，具有升温快、流动性好、温度高等特点。

油炸时，油可以提供快速而均匀的传导热，肉品表面温度迅速升高，水分气化，使制品表面脱水而硬化，出现壳膜层；随着油炸的进行，水分气化层向肉品内部迁移，当肉品表面温度升至热油温度时，肉品内部的温度慢慢趋向100 ℃，同时表面发生焦糖化反应、蛋白质变性及其他物质分解等，产生具有油炸香味的挥发性物质。同时，在高温下物料迅速受热，制品表面形成干燥膜，内部水分蒸发受阻，形成一定的蒸汽压，水蒸气穿透作用增强，使制品在短时间内熟化。另外，由于内部含有较多水分，部分胶原蛋白水解使制品外焦里嫩。油炸还可以杀灭肉品的微生物，延长保质期。

2.油炸的控制

炸制用油在使用前应进行质量卫生检验，要求为熔点低、过氧化物值低的新鲜植物油。目前,肉品的炸制主要使用大豆油、花生油、菜籽油、棕榈油和葵花籽油等。

炸制时的油温分为温油(70~100 ℃),油面较平静,无青烟,无响声;热油(110~170 ℃),油面微有青烟,四周向中间翻动;旺油(180~220 ℃),油面冒青烟、仍平静,搅动时有爆裂响声;沸油(230 ℃以上),全锅冒青烟,油面翻滚并有较剧烈的爆裂响声。油炸温度和时间应根据成品的质量要求和原料的性质、切块的大小、下锅数量的多少来确定,一般油炸的温度控制为150~180 ℃。油炸时最好采用具有自动控制装置的油炸锅,以保证油温的恒定。

3.油炸方法

油炸方法根据油炸时压力的不同,可分为常压油炸、真空油炸和高压油炸。

1)常压油炸

常压油炸是一种比较传统的油炸方法。油炸锅一般都配备有相应的滤油装置。该油炸方法操作简便,但一般时间长,常会造成局部油温过高,往往会加速油脂的氧化变质。现多采用油水分离式的油炸锅进行油炸,所得制品风味好、质量高、节油、健康环保。

常压油炸的炸制方法根据制品要求和质感、风味的不同,又分为清炸、干炸、软炸、酥炸、松炸、卷包炸、脆炸等几种炸法。

(1)清炸:取质嫩的肉块,经过加工,切成适合菜肴要求的块状,用精盐、葱、姜、水、料酒等腌渍入味后,用急火高热油炸3次,称为清炸,如清炸鱼块、清炸猪肝。特点是成品外脆里嫩,清爽利落。

(2)干炸:取动物肌肉,经过加工改刀切成段、块等形状,用调料入味,加水、淀粉、鸡蛋,挂硬糊或上浆,在190~220 ℃的热油锅内炸熟,即为干炸,如干炸里脊。特点是干爽,味咸麻香,外脆里嫩,色泽红黄。

(3)软炸:选用质嫩的猪里脊、鲜鱼肉、鲜虾等经细加工切成片、条,馅料上浆入味,蘸干粉面,拖蛋白糊,放入90~120 ℃的热油锅内炸熟装盘。把蛋清打成泡沫状后加淀粉、面粉调匀经温油炸制,菜肴色白,细腻松软,故称软炸,如软炸鱼条。特点是成品表面松软,质地细嫩、清淡,味咸麻香,色白微黄美观。

(4)酥炸:将动物性的原料,经刀技处理后,入味,蘸面粉,拖全蛋糊,蘸面包渣,放入150 ℃的热油内,炸至表面呈深黄色起酥,成品外酥内软熟或细嫩,即为酥炸,如酥炸鱼排、香酥仔鸡。酥炸技术要严格掌握火候和油的温度。

(5)松炸:松炸是将原料去骨加工成片状或块状,经入味、蘸面粉、挂上全蛋糊后,放入150~160 ℃即五六成热的油内,慢炸成熟的一种烹调方法,因菜肴表面金黄松酥,故称松炸。特点是制品膨松饱满,里嫩,味咸不腻。

(6)卷包炸:卷包炸是把质嫩的肌肉切成大片,入味后卷入各种调好口味的馅,包卷起来,根据要求,有的挂上蛋粉糊,有的不挂糊,放入150 ℃即五成热的油内炸制的一种烹调方法。特点是成品外酥脆、里鲜嫩,色泽金黄,滋味咸鲜。应注意的是,成品凡需改刀者装盘要整齐,凡需挂糊者必须卷紧封住口,以免炸时散开。

(7)脆炸:将整鸡、整鸭褪毛后,除去内脏洗净,再用沸水烧烫,使表面胶原蛋白遇热缩合绷紧,然后在表皮上挂一层含少许饴糖的淀粉水,经过晾坯后,放入200~210 ℃高热的油锅内炸制,待主料呈红黄色时,将锅端离火口,直至主料在油内浸熟捞出,待油温升高到210 ℃时,投入主料炸表皮,使鸡、鸭皮脆、肉嫩,故名脆炸。

(8)纸包炸:将质地细嫩的猪里脊、鸡鸭脯、鲜虾等原料切成薄片、丝,打好底口,上足浆,用糯米纸或玻璃纸等包成长方形,投入80~100 ℃的温油中炸熟捞出，故名纸包炸。特点是形状美观，包内含鲜汁，质嫩不腻。操作时应注意：包好，不漏汤汁。

2）真空油炸

真空油炸属于低温油炸技术，在低温低压条件下，将油炸和脱水作用有机结合，能在短时间内完成油炸。该方法温度低（100 ℃左右），产品营养损失少，风味好，耐藏性好。

3）高压油炸

高压油炸是在高压条件下，炸油的沸点升高，进而提高了油炸温度，缩短了油炸时间。该方法温度高，时间短，制品外酥里嫩，色泽鲜明，但需要耐高压的设备。

八 烤制

肉制品的烤制也称烧烤，烧烤制品系指鲜肉经配料腌制，最后用烤炉的高温烤熟的肉制品。烤制是利用热空气对原料肉进行的热加工，原料肉经过高温烤制，产品表面产生一种焦化物，从而使肉制品表面增强酥脆性，产生美观的色泽和诱人的香味，如烤鸭（图1–16）。

图1–16 烤鸭

肉类经烧烤能产生香味，是由于肉类中的蛋白质、糖、脂肪、盐和金属等物质在加热过程中，经过降解、氧化等系列变化，产生醛、酮、低级脂肪酸等化合物，尤其是糖、氨基酸之间的美拉德反应，它不仅生成棕色物质，同时伴随生成多种香味物质。

烧烤前在腌制时加入的辅料也有增香作用。烧烤前浇淋热水和晾皮，使皮层蛋白凝固，皮层变厚、干燥，烤制时，在热空气作用下，蛋白质变性酥脆。

烧烤的方法基本上有两种，即明火烧烤和焖炉烧烤（图1–17）。

(a)传统明火烧烤

(b)烧烤炉红外烧烤

图1–17　烧烤方法

九 微生物发酵

发酵肉制品是指畜禽肉在自然或人工控制的低温环境中，通过有益微生物发酵而成的一种营养丰富、风味独特、保质期长的肉制品。肉制品发酵常采用自然发酵工艺和人工接种微生物发酵剂发酵工艺。目前，微生物发酵剂发酵工艺在全球范围内已被广泛用于各类肉制品发酵中，以提升产品的风味、质地、色泽等感官特性，如西式萨拉米产品（图1–18），即意大利蒜味腊肠。

图 1–18　发酵的萨拉米产品

第三节　鲜肉的加工

目前,我国肉类产量和消费量常年保持在8 000万吨以上,居于世界首位,其中70%以上为生鲜肉。生鲜肉分为:①热鲜肉,刚宰后、僵直前的肉,保持了活细胞的品质状态;②中温肉,宰后放置到肉温为10~15 ℃、僵直前的肉,保鲜时间短,肉质好;③冷却肉,宰后24小时迅速冷却到0~4 ℃,经过充分解僵成熟的肉;④冰鲜肉,保持在0 ℃以下、冰点附近的肉,如目前市场上出现的冰鲜鸡,保鲜时间长,肉质好;⑤冷冻肉,在低于-28 ℃环境下将肉中心温度降低到-15 ℃以下,并在-18 ℃以下的环境中储存的肉,其保藏时间长,但肉质差、解冻损耗高。其中,冷却肉和冷冻肉是鲜肉的主要生产方式。

一 冷却肉

冷却肉,又叫冷鲜肉、排酸肉,准确地说应该叫“冷却排酸肉”。与热鲜肉相比,冷却肉始终处于0~4 ℃环境中,大多数微生物的生长繁殖被抑制,肉毒梭菌和金黄色葡萄球菌等致病菌已不再分泌毒素,肉的安全卫生性提高;同时,冷却肉经历了较为充分的解僵成熟过程,质地柔软有弹性,滋味鲜美。与冷冻肉相比,冷却肉具有汁液流失少、营养价值高等优点。

1.冷却肉的生产工艺

刚刚宰杀的猪胴体,肉中心温度可达40 ℃,表面潮湿,极适合微生物的生长繁殖,所以应迅速进行冷却。目前,猪胴体冷却工艺从理论上分为两种:快速冷却和急速冷却。表1-6列出了两种冷却工艺的指导性参数。

其中，急速冷却采用两阶段式冷却法，即在第一阶段采用低于肉冻结点的温度和较高的风速，冷却时间为1.5小时；第二阶段即转入0~2 ℃的冷却间冷却8小时，使胴体温度均衡并最终降至7 ℃以下。两阶段冷却法更有利于抑制微生物的生长繁殖。从安全卫生和经济角度考虑，宰后胴体冷却降温的速度越快，越不利于微生物的生长繁殖；冷却时间越短，质量损失越小。胴体在冷却过程中，质量损失程度取决于两个因素：一是肉组织结构状况，这与品种、饲养条件及宰前受刺激程度有关；二是冷却工艺，制冷压缩机功率越小，冷却间单位时间内空气交换次数越少，则胴体冷却时间就越长，也就是冷却降温曲线越平坦，胴体的质量损失越大。但过度追求冷却速度，一旦使肉组织发生冻结，将影响到冷却肉的品质。

表1－6　猪胴体冷却工艺指导性参数

指导参数	快速冷却	急速冷却	
		第一阶段	第二阶段
制冷功率/(瓦/米^3)	250	450	110
室温/℃	0～2	－10～－6	0～2
制冷风速/℃	－10	－20	－10
风速/(米/秒)	2～4	1～2	0.2～0.5
冷却时间/小时	12～20	1.5	8
胴体温度/℃	4～7	7	7
质量损失/%	1.8(7 ℃)	0.95	0.95

2.冷却链的建立

猪胴体经过快速冷却处理，温度为0~4 ℃后，在后续的加工与流通过程中，也就是从分割、剔骨、包装直至流通，都要继续保持在这一温度范围内。在各零售过程中，冷却肉始终处于冷藏链控制下，保持温度在0~4 ℃，最高不超过7 ℃，这是确保冷却肉产品质量与安全卫生的重要措施。

二 冷冻肉

将肉的温度降低到–18 ℃以下，肉中的绝大部分水分(80%以上)形成冰结晶。该过程称为肉的冻结。经过冻结的冷冻肉，其香味和色泽都不及新鲜肉和冷却肉。但因冻结后肉的储藏时间长，冷冻肉技术仍然被人们广泛采用。

1.肉冻结前处理

冻结前的加工大致可分为三种方式：

(1)胴体劈半后直接包装、冻结。

(2)将胴体分割、去骨、包装、装箱后冻结。

(3)胴体分割、去骨后装入冷冻盘冻结。

2.冻结过程

肉类冰点一般为–2.2~–1.7 ℃，达到该温度时肉中的水即开始结冰。肉的冻结过程一般包括三个阶段：

(1)第一阶段，初温至冰点。此阶段时间长短对肉质有一定的影响。

(2)第二阶段，肉品冰点至深层温度为–5 ℃，肉中近80%水分冻结成冰晶。此阶段能耗最大，对肉质影响最大。

(3)第三阶段，–5 ℃至冻结冷藏温度。此阶段对肉质影响最小。

冻结时肉汁形成的结晶主要由肉汁中纯水部分组成，肉汁中可溶性物质则集中到剩余的液相中。随着水分冻结，冰点下降，温度降至–10 ℃左右时，组织中的水分有80%~90%已冻结成冰(表1–7)。通常将这以前的温度区间称作冰结晶的最大生成区。温度继续降低，当达到肉汁的冰晶点，则全部水分冻结成冰。肉汁的冰晶点为–65~–62 ℃。

3.冻结速度

在生产上，冻结速度常用所需的时间来区分。如中等肥度猪半胴体由

表1-7 肉的冻结温度和肉汁中水分的冻结率

冻结温度/℃	冻结率/%
−1.5	30
−2.5	63.5
−5	75.6
−7.5	80.5
−10	83.7
−17.5	88.5
−20	89.4
−25	90.4
−32.5	91.3

0~4 ℃冻结至−18 ℃，需24小时以下为快速冻结；需24~48小时为中速冻结;若超过48小时则为慢速冻结。洛夫(Love)等(1962)认为:影响肉蛋白质变性的关键性因素是冻结速度，至于冻结的最终温度的影响则是次要的。

冻结速度决定了冰晶的分布状态(细胞内外是否均匀)、形状(是棒状还是针状等)、大小(10~800微米),对产品质量有重要影响。速冻有利于水分分布在细胞内部,在天然细胞膜的隔离下,冰晶分布得更为均匀;有利于减少不规则冰晶的形成,防止对肌纤维的过度挤压及破坏;在肉制品贮藏过程中不容易发生重结晶,减少大体积冰晶的形成;有利于减小冰晶的升华作用,防止冻藏期间过度干耗的产生,避免产生空洞,减缓肌红蛋白氧化进程,避免影响肉色;在解冻过程中,也有利于汁液和营养物质的保留。因此,速冻产品是人们追求的冷冻产品目标。

4.冻结工艺

冻结工艺分为一次冻结和二次冻结。

(1)一次冻结:宰后鲜肉不经冷却,直接送进冻结间冻结。冻结间温度为−25 ℃,风速为1~2米/秒,冻结时间为16~18小时,肉体深层温度达到−15 ℃,

即完成冻结过程，出库送入冷藏间贮藏。

（2）二次冻结：宰后鲜肉先送入冷却间，在0~4 ℃温度下冷却8~12小时，然后转入冻结间，在−25 ℃条件下进行冻结，一般12~16小时完成冻结过程。

一次冻结与二次冻结相比，加工时间可缩短约40%，且减少了大量的搬运工作，提高了冻结间的利用率，同时干耗损失少。但一次冻结对冷收缩敏感的牛、羊肉类会产生冷收缩和解冻僵直的现象，故一些国家对牛、羊肉不采用一次冻结的方式。二次冻结肉质较好，不易产生冷收缩现象，解冻后肉的保水性好，汁液流失少，肉的嫩度高。

5.冻结方法

完成肉制品冻结的方法有以下几种：

（1）静止空气冻结：冻结温度为−30~−10 ℃，空气自然对流，1~3天完成。

（2）板式冻结：冻结温度为−30~−10 ℃，适用于薄片状食品，比如鸡胸肉、片状鱼肉等。

（3）鼓风冻结：冻结温度为−40~−25 ℃，风速为2~10米/秒、相对湿度为90%，但该方法容易增加表面干耗，降低肉制品品质。

（4）液体冻结：在包装前后对肉进行辐照、臭氧、超声、气调等处理，或者直接挂“冰衣”，即常温下对鲜肉浸水（或抗冻剂）1~3秒立即进行速冻或者采用喷淋速冻，使表面形成冰层，然后再冷冻保存。该方式冻结速度快，冻结品质好，投入成本低，但运行成本较高，适合生产高档肉制品。

6.冷冻肉的解冻

解冻是冻肉消费或进一步加工前的必要步骤，是指将冻肉内冰晶体状态的水分转化为液态，同时恢复冻肉原有状态和特性的工艺过程。解冻实际上是冻结的逆过程。解冻肉的质量与解冻速度和解冻温度有关。缓慢解冻和快速解冻有很大差别。

试验表明，在空气温度为15 ℃条件下，牛肉1/4胴体进行快速解冻时，损耗为3%；在3~5 ℃进行缓慢解冻时，损耗只有0.5%~1.5%。由此可见，缓慢解冻可降低损耗1.5%~2.5%。肉的保藏时间越长、解冻温度越高，肉汁的损失也越大。1 ℃ 时损失2.55%，7 ℃时损失4.35%，40 ℃时损失11.5%。

解冻的方法很多，但常用的有以下几种：

（1）空气解冻法：是指将冻肉移放到解冻间，靠空气介质与冻肉进行热交换解冻的方法。一般把在0~5 ℃空气中解冻称为缓慢解冻，在15~20 ℃空气中解冻称为快速解冻。目前研究表明，采用双阶段解冻（先在25 ℃解冻至肉中心温度为−3 ℃，再于−1 ℃下解冻至中心温度为−1 ℃）可获得更优质的鲜肉。

（2）液体解冻法：液体解冻法主要是指用水（或盐水）浸泡或喷淋的方法。解冻速度较空气解冻法快，但耗水量大，同时还会使部分蛋白质和浸出物损失，肉色淡白，香气减弱。水温10 ℃，解冻20小时；水温20 ℃，解冻10~11小时。解冻后的肉，需在约1 ℃条件下晾干。如包装后的肉在水中解冻则可以保证肉的质量。腌制肉的解冻可采用在盐水中解冻，盐会渗入肉的浅层。猪肉在温度6 ℃的盐水中10小时可以解冻，肉汁损失仅为0.9%。

（3）蒸汽解冻法：解冻速度快，但肉汁损失比空气解冻法大。重量则由于水汽的冷凝会增加0.5%~4.0%。

（4）真空解冻法：是指利用水在真空状态下沸点低这一原理，依靠水蒸发所形成的水蒸气在冻结食品表面凝结释放的潜热来解冻食品。其解冻过程均匀、干耗少、蛋白和脂肪氧化程度小。厚度0.09米、重量31千克的牛肉，利用真空解冻装置只需1小时即可解冻。

（5）微波解冻法：是指利用电磁波对冷冻产品中的高、低分子极性基团起作用，尤其是冷冻产品中的水分子，电磁波能使极性分子在电场中高速振荡，同时造成分子间剧烈摩擦，由此产生热量，将微波能转化为热能，达到解冻原料肉的目的。微波解冻频率通常为915兆赫或2 450兆赫。很多研究都表明，微波解冻技术最大的优点是解冻速率快，且可以降低解冻损失，在一定程度上保证了肉烹饪后的多汁性。

（6）超声波解冻法：超声波和微波一样，具有解冻效率高的优点。由于超声波的特质，其比微波解冻更均匀，不会出现加热不均导致肉品质下降的情况。前人在超声波解冻肉制品的研究中，发现超声波解冻随着功率的增大，解冻损失也增大，但总体来说较传统解冻方式能更好地保持肉的品质，其质构、pH、菌落总数等指标都较好。不同原料肉在不同功率下的解冻效果大有不同，因此在使用超声波进行解冻时，选择适宜的功率至关重要。由于超声波对脂肪和蛋白质的影响较小，解冻效率也比较高，因此与其他方式结合还可以在一定程度上降低解冻损失。

（7）高压静电场解冻法：是指将原料肉放置于极板之间，通过施加电压使冻肉解冻。解冻过程中，可以采用施加正电压或者施加负电压的解冻方式。目前，高压静电场在肉制品冷冻解冻及保鲜方面，以猪肉为原料的较多。高压静电场解冻法相比传统解冻法的显著优点是解冻效率高、解冻损失低。使用高压静电场解冻法解冻原料肉的过程中，不同场强下效果不同，因此选择合适的电压和电极板间距才能达到理想的效果。

第四节　中式肉制品的加工

一　酱卤肉

酱卤肉制品是我国典型的传统熟肉制品，是指将鲜（冻）畜禽肉等放在加有食盐、酱油(或不加)、香辛料的水中,经预煮、浸泡、烧煮、酱制(卤制)等工艺加工而成的酱卤系列肉制品。酱卤肉具有肉质酥软、色泽鲜艳、风味浓郁等特点,多具有独特的地方传统特色,也是我国肉制品主要的消费产品形式。

1.酱卤工艺

酱卤肉制品因其品种不同而异,但其主要加工方法都是调味和煮制。

1)调味

调味大致可分为基本调味、定性调味和辅助调味三种。基本调味是指原料经过整理后,在加热前经过加盐、酱油或其他配料腌制,奠定产品咸味的过程。定性调味是指在煮制或红烧时,与原料肉同时加入各种调味料和香辛料,如酱油、酒、盐、香辛料等,赋予产品基本香味和滋味的过程。辅助调味是指在原料肉熟制后或出锅前,加入香油、糖、味精等,以增加产品色泽或者鲜味的过程。

酱卤肉制品可按照加入调料的种类、数量,分为五香、酱汁、蜜汁、糖醋、咸卤等。五香制品(在配料中使用了八角、桂皮、丁香、花椒和小茴香五种香料)是酱卤肉制品中的主要产品类型,其特点是酱油用量较大,制品呈红棕色,故也称红烧。酱汁制品是在红烧的基础上,添加红曲米着色,使制品呈樱桃红色。酱汁制品使用的糖量较多,当肉已酥烂,汤汁收干准备出锅时,将糖熬成汁刷在肉表面。酱汁制品色泽鲜艳,口感咸中带甜,深受人们喜爱。蜜汁制品的特点是原料块小,烧煮时间短,一般需要油炸,以带骨制品较多,制品表面发亮,多为红色或者红褐色,制品鲜香可口,蜜汁甜蜜浓稠。

2)煮制

详情见本章第二节“三　煮制”。

2.酱卤肉制品分类

酱卤肉制品依据加工过程中所用的配料和操作条件的不同，一般分为三种:白煮、酱卤和糟肉。

1)白煮

白煮肉制品是指原料肉经(或未经)腌制后,在水(或盐水)中煮制而成的熟肉类制品。白煮肉制品的主要特点是最大限度地保存了原料肉固有的色泽和风味,一般在食用时才调味。主要有白斩鸡(图1-19)、盐水鸭、白切猪肚、白切肉(图1-20)等。

图 1-19 白斩鸡

图 1-20 白切肉

2)酱卤

酱卤肉制品是指肉在水中加食盐或酱油等调味料和香辛料一起煮制而成的一类熟肉制品,有的酱卤肉制品的原料肉在加工时,先用清水预煮,一般预煮15~20分钟,然后用酱汁或卤汁煮制成熟。某些产品在酱制或卤制后,还需经烟熏等工序。产品的色泽和风味主要取决于调味料和香辛料。主要有苏州酱汁肉、卤肉(图1-21)、烧鸡(图1-22)、糖醋排骨、蜜汁蹄髈等。

图 1–21　卤猪头肉

图 1–22　烧鸡

3)糟肉

糟肉类制品是指原料肉经白煮后,再用“香糟”糟制而制成的冷食熟肉类制品。其主要特点是保持了原料固有的色泽和曲酒香气。主要有糟肉、糟鸡和糟鹅等(图1–23)。

图 1–23　糟鹅

二 腌腊肉

腌腊肉制品是指畜禽原料肉通过加盐(或盐卤)和香辛料进行腌制,并在适宜的温度条件下经过风干、成熟等工艺最终形成独特的腌腊风味的肉制品。腌腊肉制品的加工工艺蕴藏了中国传统肉制品制作的经验和智慧，具有肉质紧密、色泽红白分明、香味浓郁、咸鲜适口、耐贮藏等特点，深受我国及东南亚地区消费者的喜爱，在我国肉类消费结构中占有重要地位。

1.腌腊肉制品的分类

腌腊肉制品主要有咸肉类、腊肉类、酱封肉类和风干肉类。主要产品形式有板鸭、腊鸡（风干鸡等，图1-24）、腊肉（图1-25）、中式火腿（图1-26）等。

图 1-24 风干鸡

图 1-25 腊肉

图 1-26 中式火腿

1）咸肉类

咸肉类是指原料经过腌制加工而成的生肉类制品，食用前需经熟制加工。主要特点是成品呈白色，瘦肉呈玫瑰红或红色，具有独特的腌制滋

味，味稍咸。

2）腊肉类

腊肉类是指原料肉经食盐、硝酸盐、亚硝酸盐、糖及调味料等腌制后，再经晾晒、烘烤或烟熏处理等工艺加工而成的生肉制品，食用前需熟化。与咸肉制品相比，腊肉制品经过了较长时间的晾晒和熟化过程，或者在腌制之后经过了烘烤或熏制处理，水分含量比咸肉制品低，风味比咸肉制品浓。主要特点是成品呈金黄色或红棕色，具有浓郁的腊香，滋味鲜美。

3）酱封肉类

酱封肉类是指原料肉经食盐、酱料（面酱或酱油）腌制、酱制后，再经脱水（风干、晒干、烘干或熏干等）而加工制成的生肉类制品，食用前需熟化处理。与咸肉类和腊肉类制品比，酱肉类制品加工时用了酱料，因此产品具有浓郁的酱香味，肉色棕红。

4）风干肉类

风干肉类是指原料肉经过腌制后，经过洗晒（某些产品无此工序）、晾挂、干燥等工艺加工而成的生肉类制品，食用前需熟化加工。与其他腌腊肉制品相比，风干类产品水分含量较低，干而耐咀嚼，风味浓郁。

2.腌腊肉制品的主要加工操作

腌腊肉制品的种类很多，但加工过程基本相同。加工过程的主要单元操作为腌制、干燥脱水和成熟。

1）腌制

详情见本章第二节“一　腌制”。

2）干燥脱水

腌腊肉制品生产过程的干燥脱水工艺表现为通风、晾晒、烘烤等生产操作，主要目的是使原料肉进一步脱水，使水分活度下降到产品安全保存水平以下。

传统生产过程是将半成品悬挂于通风干燥处，于自然条件下将产品水分脱除到一定程度。关于香肠的烘干，可采取低温烘干法，即在温度5~8 ℃、相对湿度40%~50%条件下进行烘干。低温烘干时间分别为：南京香肠（直径38~40毫米，干肠衣）为192小时，广式香肠、肉枣（直径22毫米，胶原蛋白肠衣）为120小时，香肚（直径49~51毫米）为330小时。低温烘干工艺会使产品酸价、过氧化值明显降低，产品更加营养、安全、健康。

3）成熟

成熟是指肉组织内部经历一系列生物、化学变化，形成产品特有的风味、色泽和质地的过程。实际生产过程中，在产品经过腌制和晾晒之后，再在一定的条件下放置一段时间，这个过程习惯上称为成熟。

三 烤肉

“烤”是先民们最重要的熟制手段，烤肉是中国的常见菜，独具风味，历史悠久，制作原料有猪肉、牛肉、羊肉等。据《汉代画象全集》，早在两汉时期中国就有体系完备的烤肉烤食讲究。根据地域特色不同，烤肉又可分为北方烧烤、四川烧烤和广东烧烤。

1）北方烧烤

内蒙古和新疆地区的少数民族带来了各具特色的烤肉，羊肉串更是家喻户晓。肥美鲜嫩的羔羊肉块穿过红柳枝，间隔着配上羊尾油，滋润滑口，御寒添暖。

北京、河北地区的烧烤食物也享誉中外，北京烤鸭已经有300~500年历史，有挂炉和焖炉加工的区别，技艺经过不同师傅的长期反复改进，在国宴中时常出现，现在是河北地区的招牌饮食。

2)四川烧烤

西南地区民众的烧烤早已变成一种独特的小吃体系，出现在街头巷尾,低调亲民,口味多种多样,满足了不同人群的口味。其烤制食材往往切成小块,辅以大量花椒、胡椒、孜然等作料。

3)广东烧烤

广东烧烤在广东等沿海地区以“烧味”闻名,既可以单独食用,也可以配上米饭,成为“烧味饭”。味道总体偏鲜、甜。其中有叉烧、烤乳猪、烧鸭和烧鹅等类型。

四 干肉制品

干肉制品是指肉经过脱水干制，使成品中水分含量控制在20%左右的熟肉制品。

1.种类和特点

干肉制品主要包括肉干、肉脯、肉松。

1)肉干

肉干是指瘦肉经过预煮、切丁(条、片)、调味、浸煮、收汤、干燥等工艺制成的干、熟肉制品。由于原辅料、加工工艺、形状、产地等的不同,肉干的种类很多。按原料不同,肉干分为牛肉干、猪肉干、马肉干、兔肉干等;按风味不同,分为五香、麻辣、咖喱、果汁、蚝油等;按形状不同,分为肉粒、肉片、肉条、肉丝等;按产地不同,分类更是名目繁多。肉干营养丰富,食用方便,是青少年消费者休闲、旅游的必备佳品。

2)肉脯

肉脯是指瘦肉经切片(或绞碎)、调味腌制、摊筛、烘干、烤制等工艺制成的干、熟薄片型的肉制品。肉脯不经水煮,直接烘干制成。按原料不同,可分为猪肉脯、牛肉脯、兔肉脯等;按调味不同,分为果汁肉脯、麻辣肉脯、五香肉脯等；按产地不同，分类名目更多。

3）肉松

肉松是指瘦肉经煮制、撇油、收汤、炒松干燥而成的绒絮状或团粒状的干、熟肉制品。按加工方法和配料的不同，可分为太仓肉松和福建肉松等；按加工原料的不同，可分为猪肉松、牛肉松、兔肉松和鸡肉松等。肉松色泽金黄，呈绒絮状或小颗粒状，是老人和幼儿补充动物蛋白质的优良食品。

2.干肉制品的加工

1）肉干

肉干的加工工艺流程：原料预处理→初煮→切坯→煮制汤料→复煮→收汁→脱水→冷却、包装。

（1）原料预处理：原料要求新鲜，一般选用前后腿瘦肉为佳。将原料肉剔去皮、骨、筋、腱、脂肪及肌膜后，顺着肌纤维切成约1千克的肉块，用清水浸泡约1小时除去血水、污物，沥干后备用。

（2）初煮：将预处理后的肉块放在沸水中煮制，目的是进一步挤出血水，并使肉块变硬以便切坯。煮制时以水盖过肉面为原则。初煮时一般不加任何辅料，也可加肉质量的1%~2%的鲜姜去除异味。水温保持在90 ℃以上，并及时撇去汤面污物，以切面呈粉色、无血水为宜，通常初煮约1小时。肉块捞出后，汤汁过滤待用。

（3）切坯：根据工艺要求，将肉块放在切坯机中切成小片、条、丁等大小均匀的形状。

（4）复煮、收汁：将切好的肉坯放在调味汤中煮制，以进一步熟化和入味。复煮汤料配制：取肉坯重20%~40%的过滤初煮汤，将配方中不溶解的辅料装袋入锅煮沸后，加入其他辅料及肉坯，用大火煮制30分钟左右，随着剩余汤料的减少，用小火煨1~2小时，待卤汁基本收干，即可起锅。

2)肉脯

肉脯的加工工艺流程：原料预处理→冷冻→切片→解冻→腌制→摊筛→烘烤→烧烤→压平→切片成型→包装。

(1)原料预处理:选用新鲜的畜禽后腿肉,去掉皮、骨、脂肪、筋、腱、肌膜等组织,顺肌纤维切成外形规则、边缘整齐、无碎肉和淤血的约1千克肉块。

(2)冷冻:将修割整齐的肉块移入-20~-10 ℃的冷库中速冻,使肉块深层温度在-5~-3 ℃为宜,便于切片。

(3)切片:将冻结后的肉块放入切片机中顺肌肉纤维切片或手工切片。切片厚度一般控制在1~3毫米。

(4)解冻:将切好的肉片放置于室温下自然解冻,不能用水解冻。

(5)腌制:将粉状辅料混匀后,与切好的肉片拌匀,在不超过10 ℃的冷库中腌制约2小时。

(6)摊筛:将腌制好的肉片摊放于竹筛上,晾2~3小时。

(7)烘烤:将晾干的肉片放入烤炉中烤制,温度为80~100 ℃,时间为3~4小时,直到肉片呈金黄色。

(8)烧烤:将烤好的肉片放在炭火上烧烤,烤制时间为5~10分钟。

(9)压平:将烤好的肉片放在砧板上,用锤子轻轻敲打,使其表面平整。

(10)切片成型:将压平后的肉片切成大小均匀的薄片。

(11)包装:将切好的肉片放入食品袋中,密封包装。

3)肉松

肉松的加工工艺流程:原料预处理→配料→煮制→炒压(打坯)→炒松、搓松→跳松→拣松→包装、贮藏。

(1)原料预处理:将畜禽肉剔除皮、骨、脂肪、筋、腱、肌膜等组织,注意剔除一定要彻底。将修整好的原料肉顺肌纤维切成1.0~1.5千克的肉块。

（2）配料：配料的种类及比例因原料肉的种类及产地等而异。

（3）煮制：香辛料用纱布包好后和肉一起放入锅内，加与肉等量的水，常压煮制。煮沸后或煮制结束后撇净油沫和浮油。煮肉时间为2~3小时，不宜煮制过烂，肌肉纤维能分散即可。

（4）炒压（打坯）：煮制结束后，改用中火，加入酱油、酒，边炒边压碎肉块。然后加入白糖、味精等，减小火力，收干肉汤，并用小火炒压肉丝至肌纤维松散时即可进行炒松。

（5）炒松、搓松：有人工炒和机炒两种方式，可结合使用。当汤汁全部收干后，用小火炒至肉略干，转入炒松机内继续炒至水分含量低于20%，颜色由灰棕色变为金黄色，具有特殊香味时即可结束炒松。然后利用滚筒式搓松机搓松，使肌纤维呈绒丝松软状态即可。

（6）跳松：用机械跳动，使肉松从跳松机上面跳出，而肉粒则从下面落出，使肉松与肉粒分开。

（7）拣松：将肉松中焦块、肉块、粉粒等拣出，提高成品质量。跳松后的肉松送入包装车间的木架上晾松。肉松凉透后便可拣松。拣松时要注意操作人员及环境的卫生。

（8）包装、贮藏：传统肉松生产工艺中，在肉松包装前需约2天的晾松，为防止二次污染和回潮，最好进行“热包装”肉松后再晾松。短期贮藏可选用复合膜，可贮藏约3个月；长期贮藏多选用玻璃瓶或马口铁罐，可贮藏约6个月。

五 香肠

肉经腌制（或不腌制）、绞切、斩拌、乳化成肉馅（肉丁、肉糜或其混合物）并添加调味料、香辛料或填充料，充入肠衣内，再经烘烤、蒸煮、烟熏、

发酵、干燥等工艺(或其中几个工艺)制成的肉制品,称为香肠制品。

1.香肠制品的分类

按照加工工艺的差异,我国将香肠制品分为四类:中式香肠、熏煮香肠、发酵香肠和肉粉肠。

2.香肠制品的原料肉、辅料和肠衣

1)原料肉

畜禽肉及其副产物经合理搭配均可用来生产香肠。原料肉须安全卫生,严禁使用不新鲜的肉和病、死肉作为香肠制品的原料。原料肉中的挥发性盐基氮含量应小于150毫克/千克。

2)辅料

香肠生产中常添加一些辅料,如淀粉、蛋白粉和香辛料等。

3)肠衣

常用的肠衣包括两大类,即天然肠衣和人造肠衣。

(1)天然肠衣:也叫动物肠衣,是由猪、牛、羊的消化器官和泌尿系统的脏器除去黏膜后腌制或干制而成的。常用牛的大肠、小肠、盲肠(俗称拐头)和食管,猪的大肠、小肠,羊的小肠、盲肠(拐头)以及猪、牛、羊的膀胱等来制作天然肠衣。猪的肠衣每100码合为一把(91.5米),每把不得超过18节,每节不得短于1.35米。为了满足不同生产的需求,还需要对肠衣的大小进行区分,也就是专业术语中的“路”。分路就是分肠衣的口径,也就是肠衣的直径。常见肠衣的分路标准见表1-8。

(2)人造肠衣。人造肠衣是用人工方法把动物皮、塑料、纤维、纸或铝箔等材料加工成的片状或筒状薄膜。按照原料的不同,人工肠衣又分为胶原肠衣、纤维素肠衣、塑料肠衣和玻璃纸肠衣等。

3.中式香肠的加工

中式香肠是以猪肉为主要原料,经切碎或绞碎成丁,用食盐、硝酸钠、

表1-8 部分盐渍肠衣的分路标准(单位:毫米)

品种	一路	二路	三路	四路	五路	六路	七路
猪小肠	24～26	26～28	28～30	30～32	32～34	34～36	36以上
猪大肠	60以上	50～60	45～50	—	—	—	—
羊大肠	22以上	20～22	18～20	16～18	14～16	12～14	—
牛小肠	45以上	40～45	35～40	30～35	—	—	—
牛大肠	55以上	45～55	35～45	30～35	—	—	—

糖、曲酒、酱油等辅料腌制后,充入可食性肠衣中,经晾晒、风干或烘烤等工艺制成的肠制品。食用前需经熟制加工,产品中不允许添加淀粉、血粉、色素及其他非肉组分。

1)原料

选用新鲜或冻猪前后腿肉,以每100千克原料计,瘦肉占70%~80%,肥肉占20%~30%。

2)配方

食盐2.8~3千克、白糖9~10千克、一级生抽2~3千克、硝酸钠0.05千克、50度以上的白酒3~4千克、口径28~30毫米的猪小肠衣适量。

3)加工工艺

(1)原料预处理:将选好的猪前后腿肉,分割后去除皮、骨、筋、腱、肌膜等组织,分别切成10~12毫米的瘦肉丁和9~10毫米的肥肉丁,用35 ℃的温水冲洗油渍、杂物,使肉粒干爽。

(2)拌馅:将瘦、肥肉丁倒入拌馅机中,按配方要求加入辅料和清水,搅拌均匀。

(3)灌肠:拌好的肉馅用灌肠机灌入肠衣中,每隔一定间距打结。灌制要适度,过紧会涨破肠衣,过松则影响成品的饱满结实度。然后针刺肠身,将肠内空气和多余的水分排出,再用温水清洗表面的油腻、余液,使

肠身保持清洁。

(4)晾晒与烘烤:将灌好的肠坯挂在凉棚上,在日光下晾晒3小时后翻转一次,约晾晒半天后转入烘房,在45~55 ℃条件下烘烤约24小时,包装后即为成品(图1–27)。

图 1–27　中式香肠

4.熏煮香肠的加工

熏煮香肠是指畜禽肉经腌制、绞切、斩挫、乳化成肉馅,充填入肠衣中,经烘烤(或不烘烤)、蒸煮、烟熏(或不烟熏)、冷却等工艺制成的肠类制品。按照有关行业标准,熏煮香肠中的淀粉添加量应小于原料肉质量的5%。

熏煮香肠的加工工艺流程为:原料预处理→腌制(或不腌制)→绞碎→斩拌→灌制→烘烤→煮制→烟熏、冷却。

(1)原料预处理:新鲜卫生的原料肉经修整,剔去碎骨、污物、筋、腱及肌膜等,按肌肉组织的自然块形分开,并切成长条或肉块备用。皮下脂肪(背膘)经修整后切成5~7厘米的长条备用。

(2)腌制:根据不同产品的配方将瘦肉加食盐、亚硝酸钠、复合磷酸盐等添加剂混合均匀,送入0~4 ℃的冷库内腌制24~72小时,使肉呈均匀的鲜红色,并且结实而富有弹性。

(3)绞碎:将腌好的肉和肥膘分别用筛孔直径为3毫米的绞肉机绞碎。

(4)斩拌:将用绞制好的肉先放入斩拌机内,启动刀低速和锅高速斩拌按钮,加入盐、复合磷酸盐、亚硝酸钠和抗坏血酸钠,斩拌3~4转后加入1/3的冰水。启动刀高速,肉温为3~4 ℃时加入背膘,继续高速斩拌。当肉温为7~8 ℃时,加入蛋白粉、香辛料和1/3的冰,继续高速斩拌至均匀出锅,控制温度在12 ℃以下,不要超过15 ℃。斩拌结束后,用搅拌速度继续转动几转,以排出肉馅中的气体。

(5)灌制:又称充填,是指将斩拌好的肉馅用灌肠机充入肠衣内的操作。灌制时应做到肉馅紧密而无间隙,且要避免装得过紧或过松,过松会造成肠馅脱节或不饱满,在成品中形成空隙或空洞,过紧则会在蒸煮时出现肠衣涨破。灌好后的香肠每隔一定的距离打结(卡)。

(6)烘烤:烘烤是用动物肠衣灌制香肠的必要加工工序,一般烘烤的温度为70 ℃左右,烘烤时间依香肠的直径而异,为10~60分钟。塑料肠衣无须烘烤。

(7)煮制:采用蒸汽煮制或水浴煮制,煮制温度在80~85 ℃,煮制结束时肠制品的中心温度大于72 ℃。

(8)烟熏、冷却:烟熏温度一般为50~80 ℃,时间为10分钟至24小时。熏制完成后,用10~15℃的喷淋冷水喷淋肠体10~20分钟,使肠坯温度快速降下来,然后送入0~7 ℃的冷库内,冷却至库温,贴标签再进行包装即为成品(图1-28)。

5.高温火腿肠的加工

高温火腿肠是以鲜或冻畜禽肉为主要原料,经腌制、斩拌、灌入塑料肠衣、高温杀菌加工而成的乳化型香肠。

(1)原料预处理:选择卫生安全的畜禽肉,经修整去除筋、腱、碎骨与污物等,用切肉机切成5~7厘米的长条后,按配方要求将辅料与肉拌匀,

图 1-28 熏煮香肠

送入0~4 ℃的冷库内腌制16~24小时。

(2)绞肉:将腌制好的畜禽肉,用筛孔直径为3毫米的绞肉机绞碎。

(3)斩拌:将绞碎的原料肉倒入斩拌机的料盘内,开动斩拌机用搅拌速度转动几圈后,加入碎冰总量的2/3,高速斩拌至肉馅温度为4~6 ℃,然后添加剩余数量的碎冰继续斩拌,直到肉馅温度低于14 ℃,最后再用搅拌速度转几圈,以排出肉馅内的气体。总的斩拌时间要大于4分钟。

(4)充填:将斩拌好的肉馅倒入充填机的料斗内,按照预定充填的重量,充入聚偏二氯乙烯(PVDC)肠衣内,并自动打卡结扎。

(5)灭菌:将填充完毕经过检查的肠坯(无破袋、夹肉、弯曲等)排放在灭菌车内,按顺序堆入灭菌锅进行灭菌处理。灭菌处理后的火腿肠,经充分冷却,贴标签后,按生产日期和品种规格装箱,并入库或发货。

6.发酵香肠的加工

发酵香肠通常用猪肉或牛肉、脂肪、盐和香料等,通过斩拌、调味和腌制、填充肠衣、干燥,并用天然微生物或商业发酵剂发酵制备而成,风味独特,酸味十足。典型产品有萨拉米香肠等。

发酵香肠的加工工艺流程为:原辅料处理→肉糜的制备和充填→接种霉菌或酵母菌→发酵→干燥和成熟→包装。

(1)原辅料处理:瘦肉占50%~70%,其次是脂肪,干燥后的含量有时可以达到50%。辅料包括氯化钠(浓度为2.5%~3.0%)、亚硝酸盐、硝酸盐或者抗坏血酸钠等,还会加入碳水化合物(葡萄糖等)、酸化剂、发酵剂和香辛料等。

(2)肉糜的制备和充填:将搅碎的瘦肉糜和脂肪混合均匀,加入腌制剂、发酵剂等混匀,然后灌装,灌装温度不应超过2 ℃。

(3)接种霉菌或酵母菌:在香肠灌装之后将霉菌或者酵母菌的培养液喷洒在香肠表面,或者将香肠浸泡在培养液中。

(4)发酵:发酵是与初期干燥同时进行的。一般来说,干香肠通常在15~27 ℃下发酵24~72小时,涂抹型香肠需在22~30 ℃下发酵48小时,而半干型切片香肠则需在30~37 ℃下发酵14~72小时。

(5)干燥和成熟:需要注意控制水分从香肠表面蒸发的速率,以使其与水分从香肠内部向表面转移的速率相等。

(6)包装:多数只采取简单的包装,如将产品放进纸板箱中、布袋里或塑料袋中,从而为单个产品提供必要的保护。

7.肉粉肠的加工

肉粉肠是一种具有悠久历史的传统肉制品,在我国北方流行,具有风味浓郁、爽口不腻、价格低廉等优点。它是以淀粉和肉为主要原料,按照与熏煮香肠相近的工艺生产而成的一类制品,淀粉添加量不可以大于原料肉质量的10%。

肉粉肠的加工工艺流程为:原料预处理→填充→熟化和烘干→冷却和包装。

(1)原料预处理:畜禽肉去除筋、膜等,切成细小的肉末或肉丝,混合淀粉、香辛料、糖和盐等调料,搅拌均匀备用。

(2)填充:采用针筒或真空充填机将混合好的肉、淀粉、香辛料、糖和盐等填入天然或合成的肠衣中,形成肉粉肠的形状。

（3）熟化和烘干：将填充好的肉粉肠在15~20 ℃的环境中进行熟化1~2天；烘干温度通常为60~70 ℃，时间为2~3小时。

（4）冷却和包装：将经过熟化和烘干的肉粉肠放置在10 ℃以下的环境中冷却，使其表面干燥，然后将其分装、封口，存放在低温环境中。

第五节　西式肉制品的加工

一　西式火腿

1.西式火腿简介

西式火腿亦称盐水火腿、方火腿，是西餐中的主要菜肴之一（图1-29）。它是用去骨的猪后腿肉（整只腿肉或瘦肉块），经过整形、腌制，填充入特制的长方形（椭圆形）铝制或不锈钢模型中蒸煮而成的。外形呈长方形，因而称为火腿。西式火腿分为带皮[一般利用腿肉上的整张肉皮（原皮）或以瘦肉块为原料，另配肉皮]和无皮两种规格。成品可直接食用，出品率高，肉质鲜嫩，咸淡适宜，鲜美可口。

图 1-29　西式火腿

2.西式火腿加工工艺

（1）选料：加工西式火腿的原料肉要求较高，原则是pH≥5.8的猪腿肉

(已除掉骨)要超过50%,如果全部选择pH低于5.7的肉做蒸煮火腿,会生产出劣质的火腿。同时,加工火腿的原料肉温一般要求为6~7 ℃。

(2)修整:①整腿修整,把新鲜的整个猪腿切开,根据肌肉的组成将其分成与肉皮相连的三大块,去除其中的筋、腱、夹层脂肪、肌膜和多余的肉皮;②肉块修整,再切成拳头大的肉块,进一步清除疏松结缔组织、脂肪、肉块上的淋巴结、软骨和大部分筋、腱。此外,可在肉块上切出一些2厘米深的纵向和横向痕道。加工时室温控制在8~12 ℃。

(3)盐水制备:所用盐水要求在注射前24小时内配制。盐水配制方法为:将混合粉倒入水中,水温6 ℃,搅拌,待完全溶解后加入混合盐(将磷酸盐先放在少量热水中溶解)搅拌,加入调味料(葡萄糖、抗坏血酸、香辛料粉)搅拌至完全溶解。若要加入蛋白质,则在注射前1小时加入,然后搅拌倒入盐水注射机贮液罐中,7 ℃以下冷却储存备用。

(4)盐水注射:将配制好的盐水注射液均匀地注射到肉中,盐水注射后,肉重量要增加12%。如果一次注射后重量没有增加12%,则要补充注射直至增重12%。成品中食盐的含量应为1.8%~2.0%。

(5)滚揉:采用间隙式真空滚揉,并注意控制滚揉温度。一般的滚揉参数为前1小时连续不断滚揉(温度-2~-1 ℃,转速为8转/分),随后间歇式真空滚揉18小时(以8转/分滚揉10分钟,然后停歇20分钟,如此反复,温度为1 ℃)。

(6)压缩、成型:取出滚揉好的肉,放入可伸缩的纱布袋中,系紧纱布袋,用力摔打,以便把肉压紧实。然后再放入包装袋真空包装。将真空包装后的肉逐块放入模型中,压实、压紧,不能留有空隙,模具装满后,盖上模型盖,压紧,最后进行定量装模。

(7)蒸煮:把装好肉的模具逐层排列,注入清水,水面稍高出模具。然后开大蒸汽,使水温迅速上升,温度控制在75~80 ℃。当肉中心温度达到

68 ℃后，维持20分钟即可。

（8）冷却：包括流水冷却和冷空气冷却两步。一般来说，蒸煮后的火腿先放在22 ℃以下的流水中尽快冷却到肉温为35~42 ℃，再转移到2 ℃的冷风间冷却。

（9）切片包装：切片包装工艺流程为火腿成品→脱模→成品检验→紫外线照射→切片→称重→包装→封口→检查包装质量，贮存（5~10 ℃条件下）。

二 培根

培根系英文bacon的音译，即烟熏咸猪肉（图1–30）。因其大多是用猪的肋条肉制成，亦称烟熏肋肉。培根经过整形、盐渍，再经熏干而成。加拿大的培根中也有加入胡椒和辣椒的。培根为半成品，相当于我国的咸肉，但多了一种烟熏味，咸味较咸肉轻，有皮无骨。培根为西餐菜肴原料，食用时需再加工。

图 1–30 培根

根据原料不同，培根又分为大培根（或称丹麦式培根）、奶培根、排培根、肩肉培根、胴肉培根、肘肉培根和牛肉培根等。

（1）大培根：前端从猪的第三肋骨处斩断，后端从荐椎骨与尾椎骨之间斩断，再割除奶脯，经腌制、整形、烟熏制得的培根。成品为金黄色，割开瘦肉部分色泽鲜艳，每块重7~10千克。

（2）奶培根：以去奶脯、排骨的猪方肉（肋条）为原料，经整形、腌制、烟熏而成。肉质一层肥，一层瘦，成品为金黄色。分带皮和无皮两种规格，带皮的每块重2~4.5千克，去皮的每块不低于500克。

（3）排培根：以猪的大排骨（脊背）为原料，经去骨整形、腌制、烟熏而成。其是培根中质量最好的一种，成品为半熟品，金黄色，肉质细嫩，带皮，每块重2~4千克。

（4）肩肉培根：以猪的前、后臀肉做原料制成。

（5）胴肉培根：用猪胴体肉做原料制成。

（6）肘肉培根：用猪肘子肉做原料制成。

1.培根加工工艺

各种培根的加工方法基本相同，工艺流程为：剔骨选料→原料整形→腌制→修整→熏烤。

（1）剔骨选料：以瘦肉型猪种为宜，选择肥膘厚约1.5厘米的细皮白肉猪体。

（2）原料整形：将去骨后的原料进行修割，使其表面和四周整齐、光滑呈长方体状，应注意每一边是否成直线。如果有一边不整齐，可用刀修成直线条，修去碎肉、碎油、筋膜、血块等杂物，刮尽皮上残毛，割去过高、过厚肉层。

（3）腌制：将生坯送至2~4 ℃的冷库中，先用盐及亚硝酸钠揉擦生坯表面（每50千克生坯用盐1.75~2千克、亚硝酸钠15克拌和），将生坯摊搁12小时以上。次日再将生坯泡在15~16波美度的盐卤中（盐卤配制：50千克食盐、3.5千克白糖和250克亚硝酸钠，加水溶解而成），每隔5天将生坯上下翻动1次，腌制12天至肉色红透为止。

（4）修整：生腌坯出缸后，浸在水中2~3小时（热天用冷水，冷天用温水）。待盐卤溶化后，再用清水洗1次。刮净皮面上的细毛等杂质，修整边缘和肉面的碎肉、碎油。然后在生坯的一端穿绳3~4处，结圈直径约12厘米，便于串入串杆，每杆挂肉4~5块，保持一定间距后熏烤。

（5）熏烤：熏烤温度保持在60~70 ℃，经10小时熏烤，待皮面上呈金黄色后取出即为成品。

2.培根几种不同的加工方法

1)方法一

(1)盐水配制:配制内容见表1-9。

表 1-9 盐水成分及用量

成分	用量/千克
葡萄酒	5
水	100
亚硝酸盐	20
味精	0.5
维生素C	0.1
鲜蒜	0.3

(2)工艺要求:猪腹肉100千克,连同盐水一起放入滚揉机间歇滚揉(开、停机各1/2时间,反复进行)12小时,要求室温为4~6 ℃,滚揉机转速为6转/分。取出,挂在熏车上,在室温14 ℃进行干熏。

2)方法二

(1)加工工艺流程:选料→第一次注射盐水→真空滚揉→第二次注射盐水→滚揉→烟熏。

(2)工艺要求:第一次注射盐水量为总注射量的50%,真空滚揉10小时;第二次注射剩余的50%盐水,再次真空滚揉10小时。要求烟熏温度为55~65 ℃,时间为1.5~2小时。

第六节 现代肉制品的加工

一 调理肉

1.调理肉制品概述

调理肉制品又称预制肉制品,是指以畜禽肉为主要原料,添加适量的调味料或辅料，经适当加工，以包装或散装形式在冷冻(-18 ℃)、冷藏(7 ℃以下)或常温条件下贮存、运输、销售，可直接食用或经简单加工、处理即可食用的肉制品。调理肉制品因食用方便、讲究营养均衡、附加值高、包装精美和小容量化等特点，深受消费者喜爱，生产量和消费量与日俱增，已成为国内城市人群和发达国家消费的主要肉制品品种。

调理肉制品的分类如下：

(1)按加工方式和运销贮存特性，分为常温型和低温型(冷藏型和冷冻型)。

(2)按生熟程度，分为熟品、半熟品和生品。

(3)按销售对象，分为家庭用餐型、集体给食型、餐饮业型和“外食”型。

(4)按包装材料，分为袋装型、托盘薄膜型、砂锅型和铝制品型等。

(5)按食用方法，分为即食型、即热型、即烹型、即配型。

2.调理肉制品加工实例

1)速冻肉丸加工

速冻肉丸是指以鸡肉、猪肉或牛肉为主要原料，添加辅料，经高速斩拌、成型、煮熟后速冻包装的产品。

(1)配方：

①速冻猪肉丸配方：瘦肉140克，肥膘60克，豌豆淀粉30克，食盐4克，味精2.5克，白胡椒粉1.5克，卡拉胶1.5克，蔗糖1克，磷酸盐1克，生姜粉0.5克，肉豆蔻粉0.4克，沙蒿胶0.1克，冰水60克。

②速冻鸡肉丸配方：鸡肉160克，猪肥膘20克，玉米淀粉50克，鸡蛋液30克，鸡皮20克，洋葱18克，食盐5克，蔗糖3克，生姜粉0.6克，味精2克，鸡肉香精2克，刺云实胶1.8克，磷酸盐1克，沙蒿胶0.1克，白胡椒粉0.75克，冰水50~60克。

③速冻香辣猪肉丸配方：瘦肉180克，肥膘70克，淀粉35克，鲜姜7.5

克，碎冰20克，香葱5克，蒜子5克，花生酱15克，干辣椒7.5克，食盐3.75克，味精1.5克，酱油1克，红曲米粉0.5克，三聚磷酸钠0.35克。

④速冻五香猪肉丸配方：瘦肉140克，肥膘60克，糯米粉28克，碎冰18克，淀粉8克，鲜姜4克，葱4克，蒜子4克，魔芋精粉0.8克，食盐3.2克，花生酱4克，芝麻4克，五香粉2~3.2克，胡椒粉1.2克，味精0.4克。

（2）加工工艺流程：原料选择→预处理→打浆成型、煮制→冷却→速冻→包装贮存。

（3）操作要点：

①原料肉的选择与预处理：选择新鲜（冻）肉、猪肥膘作为原料肉。将瘦肉微冻，肥膘冷冻，再用10~12毫米孔径的绞肉机将瘦肉、肥膘分别绞碎。

②打浆：将绞好的瘦肉放入斩拌机中斩拌成肉泥，再加入肥膘和用水调好的各种辅料，高速斩拌成黏稠的肉馅，最后加入用水调好的玉米淀粉，低速搅拌均匀即可。在打浆过程中，注意加入冰水控制温度，将肉浆的温度始终控制在10 ℃以下。

③成型：将肉浆用肉丸成型机成型，从成型机出来的肉丸立即放入40~50 ℃的温水中浸泡30~50分钟。从成型机出来的肉丸也可随即放入滚热的油锅里油炸，炸至外壳呈浅棕色或稍黄褐色后捞出。

④煮制：将成型后的肉丸在80~90 ℃的热水中煮5~10分钟即可。

⑤冷却：肉丸经煮制后立即放于0~4 ℃的环境中迅速冷却至中心温度到8 ℃以下。

⑥速冻：速冻库中要求库温为−36 ℃，待肉丸中心温度达−18 ℃即出库。

⑦包装贮存：经包装后的产品，放于−18 ℃的低温库中贮存。

2）速冻调理鸭胸肉加工

传统的烤鸭口味香浓，口感醇厚，回味悠长，一直深受广大消费者的欢迎，但其不便于长时间存放。经工业化预制后，消费者只需对调理鸭胸肉进行微波加热处理，即可做出肉质鲜嫩、风味独特的烤鸭胸或煎鸭排。

（1）配方：鸭胸50千克，老鸭汤50千克，精盐0.5千克，白糖0.3千克，冰水10千克，大豆分离蛋白500克，蛋白胶150克，复合磷酸盐125克，鸡膏50克，洋葱粉30克，白胡椒粉20克，亚硝酸钠2.5克。

（2）工艺流程：原料检验→老鸭汤腌制→配制注射液→注射→滚揉→腌制→包装→速冻。

二 重组肉

1.重组肉的定义

重组肉是指借助于机械和添加辅料（食盐、磷酸盐、大豆蛋白、淀粉、卡拉胶等）以提取肌肉纤维中基质蛋白，并利用添加剂的黏合作用使肉颗粒或肉块重新组合，经冷冻后直接出售或者经预热处理保留和完善其组织结构的肉制品。

2.重组肉制品的加工机制

表面肉蛋白相互作用形成一种黏合剂以便相邻肉块黏结成型；肉块变得柔软顺畅易于压缩或入模成型；通过加热使蛋白质凝固，可使相邻肉块或肌肉牢固地黏合在一起。大小不同（从肉块、碎肉到肉粒）的肉片均可结合在一起以模仿整肉的外观和质构，或形成质构独特的新产品。在所有这些产品中，相邻肉片的表面通过凝胶网络结构结合在一起。凝胶网络结构可能是由烹调过程中从胶原组织转化成的明胶形成的，也可能是由外源明胶形成的。重组肉块的专利加工工艺还包括采用海藻酸钙凝胶的反应，或者利用血液中的谷氨酰胺转氨酶凝结血浆纤维蛋白原，这个凝结反应是由凝血蛋白酶活化的。上述工艺都被用于重组肉制品的冷胶凝，但后两种方法可以形成热稳定凝胶，这种凝胶在随后的蒸煮过

程中不会溶化。

3.重组肉加工技术

目前，重组肉加工技术已被广泛应用于鱼肉和畜禽肉制品加工中。根据重组肉的黏结机制，可以将重组技术分为酶法加工技术、化学法加工技术、物理法加工技术。现分别介绍如下：

1)酶法加工技术

酶法加工技术是指利用酶催化肉的肌原纤维蛋白和酶的最适底物如酪蛋白、大豆分离蛋白等同源或异源蛋白质的基团之间发生聚合和共价交联反应，提高蛋白质的凝胶能力和凝胶的稳定性，从而将肉片、肉块在外界合适的条件下黏结在一起的技术。

酶法加工技术主要使用谷氨酰胺转氨酶(TG)。TG能够催化蛋白质分子内部或蛋白质分子之间的酰基转移反应产生共价交联。肌肉中的肌球蛋白和肌动蛋白正是谷氨酰胺转氨酶作用的最适底物之一。经TG的催化，肌肉蛋白分子间形成致密的三维网状结构，从而将不同粒度大小的碎肉黏结在一起，改善了肉制品的品质，提高了产品的附加值。

除TG外，还有血浆纤维蛋白黏合剂，其黏结机制是模拟血凝的最后阶段反应，以钙离子激活纤维蛋白原形成半刚性纤维蛋白单体，单体自发形成以氢键相连接的可溶性多聚体，多聚体通过物理作用与化学键，黏合周围碎肉以形成大片肉或大块肉。

2)化学法加工技术

由于TG粉的价格较高，为了降低重组肉的生产成本，保证产品质量，人们研究使用了化学方法，如使用海藻酸钠和氯化钙的方法。此法依据的原理是：海藻酸钠的羧基活性较大，可以与镁和汞以外的二价以上金属盐形成凝胶。重组肉的生产则利用海藻酸钠与钙离子形成海藻酸钙凝胶，其凝胶强度取决于溶液中钙离子的含量和温度，从而获得从柔软至刚性的各种凝胶体;海藻酸盐和钙离子可形成热不可逆凝胶并将碎肉黏结起来。

另据研究发现,某些阴离子多糖如海藻酸盐,可以通过静电作用力与肌球蛋白、牛血清蛋白等蛋白质相互作用。此外,还有使用结冷胶的方法。

3)物理法加工技术

重组肉加工技术除酶法、化学法外,常用的生产技术还有加热法,它是通过盐、磷酸盐和机械的作用,从肉中抽提肌纤维蛋白形成凝胶而达到将肉黏结的目的。但加热法会产生令人不愉快的气味和难以接受的褪色。为了克服加热法生产重组肉的缺点,从而生产出具有鲜肉特征的重组肉,现在已出现非加热的物理法加工技术手段——高压处理技术(压力>200兆帕)。其通过提高水分-蛋白质或蛋白质-蛋白质之间的相互作用,以提高肉制品的功能特性。研究结果表明,在200兆帕条件下,添加0.25%的食盐和0.75%的δ-葡萄糖内酯和0.75%的卡拉胶,在4 ℃条件下加压30分钟,虽然肉的颜色有点像蒸煮过的褪色,但肉的结合力增强,并且证实δ-葡萄糖内酯和卡拉胶可以作为食盐的替代物满足消费者的需求。

三 植物肉

1.植物肉的背景和发展现状

“植物肉”目前仍是一个相对笼统的术语,包括在质地、风味和外观上模拟动物全肌肉的类似物,以及模拟加工肉的重组产品,如汉堡肉饼、香肠和鸡块等。植物肉可分为基于植物的(大豆、豌豆、麸质)、基于细胞的(体外或培养的肉类)、基于发酵的(真菌蛋白)。该领域最新进展还包括其他蛋白质的来源,例如从螺旋藻中提取的微藻蛋白质和从昆虫中分离的蛋白质。

基于植物的肉类替代品是为了满足消费者的需求和未来食品供应的可持续性而开发的,近年来市场呈指数级增长。植物肉虽然已经取得了一些进展,以植物蛋白为基础的纤维在感官上可与整个肌肉切割相媲美,但复制整体感官轮廓的肌肉组织的层次结构仍然具有挑战性。目前,市场策略主要集中在重组或成型的仿肉制品上。

2.植物肉的加工工艺

许多基于植物的肉类替代品的加工技术已经被开发或采用,无论是全肌肉类似物还是重组替代品,大多数都是针对肌肉质地进行模拟的。

热挤压是一种相对成熟且研究最多的技术,得到了广泛的应用。此外,其他几种替代方法也被用来构建肌肉纤维类似物,例如湿法纺丝、静电纺丝和锥形剪切。其中,热挤压工艺由于生产率高、成本低、多功能性和能源效率高的特点,是目前主要采用的加工技术。

热挤压可分为低水分挤压、中等水分挤压和高水分挤压。低水分(水分含量低于30%)挤压用于植物肉的原料制备,产品具有聚集且或多或少膨胀的构象。变性和聚集的蛋白质再水化后,具有类似于肉颗粒的质地,因此被用作非肉类产品的主要成分。用浓缩大豆蛋白和豌豆蛋白制备的植物肉的原料可以进一步加工,制成重构的高蛋白块、条和形状不规则的碎屑(作为玉米卷填料和比萨配料)。

新兴的3D打印技术是一种新概念,通过精确控制植物蛋白质的添加,有助于创建肌肉样结构。打印过程包括将蛋白质粉末与水混合,形成糊状物,然后通过一层一层地打印形成一个结构,模仿肌肉纤维的结构。为了获得理想的硬度和流变性,还可将谷氨酰胺转氨酶和其他添加剂应用于打印植物肉的模型系统中。

第二章　蛋品加工

第一节　蛋的加工特性

一　禽蛋的定义与种类

禽蛋是由母禽生殖道产出的卵细胞，其中含有由受精卵发育成胚胎所必需的营养成分和保护这些营养成分的物质，包括各种可食用的鸟类和家禽的蛋。通常意义的禽蛋包括鸡蛋、鸭蛋、鹅蛋、鹌鹑蛋、鸽子蛋、火鸡蛋、鸵鸟蛋等。其中，鸡蛋、鸭蛋和鹅蛋为家禽蛋，是主要的禽蛋产品，又以鸡蛋的饲养和销售量最大；鹌鹑蛋和鸽子蛋属于鸟蛋，相较于家禽蛋，鸟蛋的营养价值更高。

二　禽蛋的结构

鸡蛋由蛋壳、蛋清和蛋黄三部分组成，如图2-1所示。蛋壳主要包括石灰质真壳和壳下膜，蛋清主要包括气室、系带、稀薄蛋白和浓厚蛋白，蛋黄主要包括卵黄膜、胚盘、黄卵黄、白卵黄、潘氏核和卵黄心等组分。

1.蛋壳

蛋壳是包裹在蛋内容物外面的一层硬壳，由泡沫状的角质层、碳酸盐或碳酸钙层及两层薄膜组成，具有固定蛋的形状及保护蛋清和蛋黄的

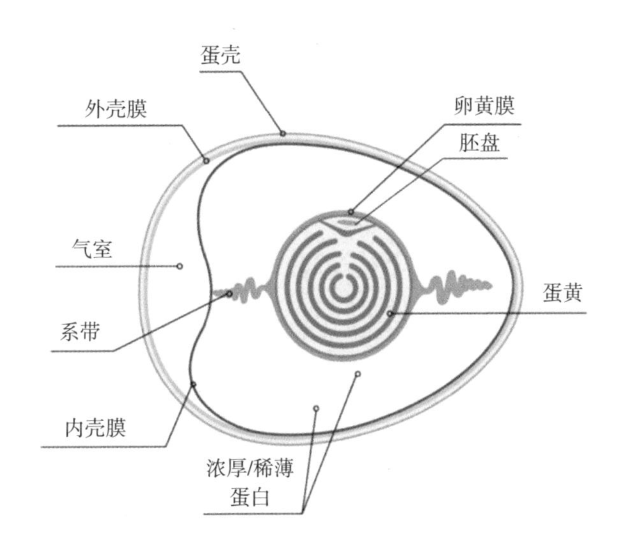

图2-1　禽蛋的结构示意

作用。

2.蛋清

蛋清也称蛋白，位于蛋壳膜的内部、蛋黄膜的外部，占蛋重的50%~55%，是白色透明的半流动体，通过不同的浓度分层分布在蛋内。

有学者将蛋清的结构由外到内分为4层：外层稀薄蛋白，占总蛋白体积的23.3%；外层浓厚蛋白，占总蛋白体积的57.3%；内层稀薄蛋白，占总蛋白体积的16.8%；内层浓厚蛋白，占总蛋白体积的2.6%。

3.蛋黄

蛋黄是包裹在卵黄膜下的一种浓厚且不透明的半流动黄色乳状液，是蛋中最有营养的部分，位于蛋的中心，呈圆球形。鲜蛋蛋黄包括白卵黄和黄卵黄两部分，由这两部分基质交替组成，可分数层：在卵黄膜下面是一层较薄的白蛋黄，接着为一层较厚的黄蛋黄，再里面又是一层较薄的白蛋黄，依次循环，使得成熟的蛋黄内出现7~10个同心圆。这是由于在形成蛋黄时，昼夜新陈代谢速度不同，白天比夜晚有更多的色素沉积，造成不同颜色的同心圆的产生。

三 禽蛋的化学成分

禽蛋中化学成分复杂多样，除含有水分、蛋白质、脂肪、矿物质外，还含有丰富的维生素、碳水化合物、色素、酶等，对不同种类禽蛋的基本化学组成（表2-1）进行比较，鸽蛋的水分含量最高、脂肪含量最低，鸭蛋的脂肪含量最高，鹅蛋的碳水化合物含量最高，鹌鹑蛋的固形物和蛋白质含量最高。

表 2-1　不同种类禽蛋的化学组成成分（可食部分）

蛋别	水分/%	固形物/%	蛋白质/%	脂肪/%	灰分/%	碳水化合物/%
鸡全蛋	72.5	27.5	13.3	11.6	1.1	1.5
鸭全蛋	70.8	29.2	12.8	15.0	1.1	0.3
鹅全蛋	69.5	30.5	13.8	14.4	0.7	1.6
鸽蛋	76.8	23.2	13.4	8.7	1.1	—
火鸡蛋	74.3	25.7	13.4	11.4	0.9	—
鹌鹑蛋	67.8	32.2	16.6	14.4	1.2	—

禽蛋的化学成分受到禽的种类、品种、年龄、产蛋大小、产蛋率、产蛋季节、饲养管理条件及其他因素的影响。

1.蛋壳的化学成分

蛋壳中的主要成分是无机物，占蛋壳重量的94%~97%，其中碳酸钙约占93%，碳酸镁约占1%，还有少量的磷酸钙和磷酸镁；有机物占蛋壳重量的3%~6%，主要为蛋白质，还有极少量的脂质和色素。

2.蛋壳膜的化学成分

蛋壳膜约占蛋湿重的1.02%、干重的0.24%。其含有约20%的水分和80%的有机物。蛋壳膜的有机成分主要为蛋白质（约占蛋壳膜干重的90%），还有少量灰分、脂质和多糖。

3.蛋清的化学成分

不计蛋壳重量的情况下，禽蛋蛋清约占禽蛋内容物湿重的2/3。蛋清的主要成分为水，此外还含有蛋白质、脂肪物质、维生素、矿物质及糖等。不同种类禽蛋的蛋清化学组成也不相同。以鸡蛋为例，蛋清中含有85%~88%水分、11%~13%蛋白质（主要为卵白蛋白、卵球蛋白、卵黏蛋白、卵类黏蛋白和伴白蛋白等）、0.6%~0.8%灰分、0.7%~0.8%碳水化合物和微量的脂质成分。

4.系带及蛋黄膜的化学成分

系带占鸡蛋蛋白总量的0.2%~0.8%，系带膜状层占2%。系带中含有13.3%氮、1.08%硫、4.10%胱氨酸和11.4%葡萄糖胺，结合较多溶菌酶。

蛋黄膜平均质量为51毫克，其中88%为水分；蛋黄膜的干物质中含有约87%蛋白质、3%脂质和10%糖类。其中，所含蛋白质属于糖蛋白类；脂质组分包括中性脂质和复合脂质，中性脂质包括甘油三酯、醇、醇酯及游离脂肪酸，复合脂质主要为神经鞘磷脂；糖基组分包括8.5%己糖、8.6%己糖胺、2.9%唾液酸和少量N-乙酰己糖胺。

5.蛋黄的化学成分

蛋黄中的蛋白质主要为脂蛋白，包括低密度脂蛋白、卵黄球蛋白、卵黄高磷蛋白、高密度脂蛋白和黄素蛋白等。将蛋黄稀释并离心处理可得到沉淀的固形物和透明的浆状溶液部分，沉淀部分称为卵黄颗粒，包括高密度脂蛋白和卵黄高磷蛋白等，浆质部分包括低密度脂蛋白和卵黄球蛋白等。

蛋黄几乎包含了蛋内的全部脂质，其脂质含量因禽种类不同而有所差异，鸡蛋黄含有30%~33%的脂质，鸭蛋黄含有约36.2%的脂质，鹅蛋黄含有约32.9%的脂质。禽蛋黄内脂质包括甘油三酯、甘油磷脂、鞘磷脂和类固醇等。其中，甘油三酯含量最高，约占总脂的62.3%；其次为甘油磷脂，约占总脂的32.8%；固醇类含量约占总脂的4.9%。

蛋黄含有蛋内大部分的色素，这使得蛋黄呈现出黄色或橙黄色的色泽。蛋黄内的色素多为脂溶性色素，隶属于类胡萝卜素，包括含有羟基的叶黄素类和不含羟基的胡萝卜素类。

四 禽蛋的特性

1.禽蛋的物理特性

（1）比重。鲜蛋的比重为1.078~1.094，且各组成部分的比重有所不同。蛋壳的比重为1.741~2.134，且蛋壳愈厚比重愈大；去壳全蛋的比重为1.040~1.050；蛋白的比重为1.046~1.052；蛋黄的比重为1.029~1.030。长期储存的蛋内系带消失，蛋黄便上浮贴在蛋壳上，形成靠黄蛋或贴壳蛋。大量实践证明，禽蛋的比重会随着贮存时间的延长而逐渐下降。因此，在实际生产中可根据蛋的比重来确定蛋的新鲜程度。

（2）蛋的黏度。蛋清中稀薄蛋白是均一溶液，浓厚蛋白具有不均匀的特殊结构，所以蛋清是完全不均匀的悬浊液，蛋黄的物质组成决定其同样为悬浊液。鲜蛋、蛋黄、蛋清的黏度不同。新鲜鸡蛋清的黏度为0.003 5~0.010 5帕秒，蛋黄为0.11~0.25帕秒。

（3）蛋液的热凝固点和冰点。蛋液的热凝固点与蛋白质的种类关系密切，全蛋液的热凝固点为72~77 ℃，蛋清液为62~64 ℃，蛋黄液为68~71.5 ℃，而卵白蛋白、卵球蛋白和卵黄球蛋白对热不稳定，热凝固点分别为64~67 ℃、58~67 ℃和58 ℃，卵黏蛋白和卵类黏蛋白热稳定性最高，不发生凝固。蛋清液的冰点一般为−0.48~−0.41 ℃，平均值为−0.45 ℃，而蛋黄液的冰点则为−0.62~−0.55 ℃。

（4）蛋清与蛋黄之间的渗透性。蛋清与蛋黄之间存在一层通透性蛋黄膜，蛋黄中富含钾离子、钠离子、氯离子，渗透压较高。因此，蛋在贮存

过程中，蛋黄内的金属盐离子会不断向蛋清内渗透，而蛋清内的水分则会不断向蛋黄内渗透。于是，蛋黄的重量不断增加，体积也不断加大，达到一定程度后，蛋黄膜即破裂而形成散黄蛋。

(5)耐压性。对一枚完整的鸡蛋逐渐施加压力，其能承受2.9~6.9千克/厘米^{2}甚至高达13.5千克/厘米^{2}的压力而不破损。蛋的耐压性与其形状、大小、蛋壳厚度及壳的质量有密切关系。就形状而言，圆形蛋的耐压性大于长形蛋；就蛋壳而言，壳厚且质地致密的蛋耐压性较大，反之则小。由于有色蛋蛋壳比白壳蛋蛋壳厚，因此有色蛋蛋壳的耐压性就高于白壳蛋；就每一枚蛋而言，其长轴的耐压性比短轴耐压性强。因此，在对鲜蛋进行包装时，应当竖起码放，这样可以降低蛋的破损率。

2.禽蛋的加工特性

(1) 蛋壳遇酸溶解。蛋壳的主要成分是钙盐。禽蛋在加工过程中如果遇酸，经浸渍后便被溶解，蛋壳会逐渐变薄、变软，最后脱落。该特性对于糟蛋的加工具有重要意义。

(2)热凝固变性。蛋白质受热以后发生的变性称为凝固。蛋清和蛋黄由于性质不同，发生热凝固所需要的温度也不相同。一般来说，当蛋清的pH为9.3左右，加热使蛋液温度达到58 ℃时蛋清开始出现乳浊状态，65 ℃时呈半凝固状，80 ℃时才由半凝固状变成凝固体；而蛋黄在65 ℃时即已开始凝固，达到完全凝固的温度要比蛋清低。

(3)酒精凝固变性。蛋白质遇到酒精后，能够脱去蛋白质分子表面及内部的水分。当其表面的水分脱去后，蛋白质分子就很容易发生碰撞；而当其内部的水分脱去后，蛋白质分子就会松弛，并由此使蛋白质变性、凝固。如加工糟蛋时蛋白与蛋黄之所以发生凝固，就是这个原理。

(4)乳化性。蛋黄中的磷脂具有很强的乳化能力，它是天然乳化剂中效果最好的一种，但是蛋清的乳化性较蛋黄差。目前，在食品加工业中主要利用蛋黄粉或是鲜蛋作为乳化剂，这些乳化剂大多用于冰激凌、人造黄油及各种糕点的加工等方面。

(5)发泡性。鸡蛋蛋清容易发泡，蛋清液在强烈搅拌的情况下，能够产生大量雪白而松软的气泡，并能维持较长时间而不消失。大量实践表明，蛋清液的发泡性以其pH在4.8时最好。因此，生产中常常利用柠檬酸或乙酸调节蛋白液的pH，以达到提高其发泡性的目的。如果在蛋液中添加适量的砂糖，虽然能使蛋液泡沫的强度得到提高，但对其发泡性却有一定影响。

第二节　蛋制品加工原理与方法

一　皮蛋的加工原理

皮蛋成熟的变化过程，可以归纳成以下几个方面或阶段。

1.蛋白与蛋黄的凝固

根据皮蛋在加工中的理化变化过程，蛋白和蛋黄的凝固又分为五个阶段。

(1)化清阶段：蛋白从黏稠变成稀的透明水样溶液，蛋黄有轻度凝固，蛋白质的变性达到完全。其中含碱量为4.4~5.7毫克/克(以氢氧化钠计)。这时蛋清蛋白质分子变为分子团胶束状态(无聚集发生)，卵蛋白在碱性条件及水的参与下发生了强碱变性作用。这时蛋白质分子的一、二级结构尚未受到破坏，化清的蛋白还没有失去热凝固性。

(2)凝固阶段：蛋白从稀的透明水样溶液凝固成具有弹性的透明胶体，蛋黄凝固厚度为1~3毫米。蛋白胶体呈无色或微黄色(视加工温度而

定),平均含碱量为6.4毫克/克(6.1~6.8毫克/克)。这个阶段蛋白含碱量最高。在氢氧化钠的继续作用下,蛋内蛋白质的二级结构开始受到破坏,氢键断开,亲水基团增加,使得蛋白质分子的亲水能力增加。蛋白质分子之间相互作用形成新的聚集体。溶液中的自由水又变成了束缚水,溶液黏度随之逐渐增大,达到最大黏度时开始凝固,直到完全凝固成弹性极强的胶体为止。

(3)转色阶段:此阶段的蛋白呈深黄色透明胶体状,蛋黄凝固5~10毫米(指鸭蛋、鸡蛋)或5~7毫米(鹌鹑蛋),转色层分别为2毫米或0.5毫米。蛋白含碱量降低到3.0~5.3毫克/克。这时蛋白、蛋黄均开始产生颜色,蛋白胶体的弹性开始下降。这是因为蛋白质分子一级结构受到破坏,放出非蛋白质性物质,同时发生了美拉德反应,使蛋白胶体的颜色由浅变深,呈现褐色或茶色。

(4)成熟阶段:蛋白全部转变为褐色的半透明凝胶体,仍具有一定的弹性,并出现大量排列成松枝状的晶体簇;蛋黄凝固层变为墨绿色或多种色层,中心呈溏心状。全蛋已具备了松花蛋的特殊风味,可以作为产品出售。此时蛋内含碱量为3.5毫克/克。这一阶段的物理、化学变化同转色阶段。这阶段产生的松花是由纤维状氢氧化镁水合晶体形成的晶体簇。蛋黄的墨绿色主要是金属离子同硫离子反应的产物。模拟实验表明,生色基团可能是由硫离子和蛋氨酸形成的。

(5)贮存阶段:这个阶段为产品的货架期。此时皮蛋内的化学反应仍在不断地进行,其含碱量不断下降,游离脂肪酸和氨基酸含量不断增加。为了保持产品不变质或变化较小,应将成品在相对低温条件下贮存,还要防止环境中细菌的侵入。

2.蛋白与蛋黄的呈色

(1)蛋白呈现褐色或茶色。蛋白变成褐色或茶色是蛋内微生物和酶发酵作用的结果。蛋白的变色过程，首先是鲜蛋在浸泡前，侵入蛋内的少量微生物和蛋内蛋白酶、胰蛋白酶、解脂酶及淀粉酶等发生作用，使蛋白质发生一系列变化。其次是蛋白中的糖类变化，它以两种形态出现，一部分糖类与蛋白质结合，直接包含在蛋白质分子里；另一部分糖类在蛋白里并不与蛋白质结合，而是处于游离的状态，它们的羰基和氨基酸的氨基化合物及其混合物与碱性物质相遇，发生作用时，就会发生褐色化学反应，生成褐色或茶色物质，使蛋白呈现褐色或茶色。

(2)蛋黄呈现草绿或墨绿色。蛋黄中的卵黄磷蛋白和卵黄球蛋白，都是含硫较高的蛋白质，它们在强碱的作用下，加水分解会产生胱氨酸和半胱氨酸，提供了活性的硫氢基(-SH)和二硫键(-SS-)。这些活性基与蛋黄中的色素及蛋内所含的金属离子相结合，使蛋黄变成草绿色或墨绿色，有的变成黑褐色。

3.松枝花纹的形成

皮蛋里形成的松花的实质为氢氧化镁水合晶体。

4.皮蛋风味的形成

皮蛋风味的形成是由于禽蛋中的蛋白质在混合料液成分的作用下，分解产生氨基酸，氨基酸经氧化产生酮酸，酮酸具有辛辣味。蛋白质分解产生的氨基酸中含有数量较多的谷氨酸，谷氨酸同食盐相作用，生成谷氨酸钠，谷氨酸钠是味精的主要成分，具有味精的鲜味。蛋黄中的蛋白质分解产生少量的氨和硫化氢，有一种淡淡的臭味。再加上食盐渗入蛋内产生咸味。茶叶成分具有香味。因此，各种气味、滋味成分的综合，使皮蛋具有一种清香、咸鲜、清凉爽口的独特风味。

二 咸蛋的加工原理

1.食盐在腌制中的作用

咸蛋主要用食盐腌制而成。食盐有一定的防腐能力，可以抑制微生物的生长，使蛋内容物的分解和变化速度延缓，所以咸蛋的保存期比较长。但食盐只能起到暂时的抑菌作用，减缓蛋的变质分解速度，当食盐的防腐力被破坏或不能继续发挥作用时，咸蛋就会很快地腐败变质。所以，从咸蛋加工到成品销售，必须为食盐防腐作用的发挥创造条件，否则不管何种成品或半成品，仍会在薄弱的环节中变质。

腌制咸蛋时，食盐的作用主要表现在以下几个方面：①脱水作用；②降低了微生物生存环境的水分活性；③对微生物有生理毒害作用；④抑制了酶的活力；⑤同蛋内蛋白质结合产生风味物质；⑥使蛋黄产生出油现象。

2.鲜蛋在腌制中的变化

当鲜蛋包以泥料或浸入食盐溶液后，食盐成分通过气孔渗入蛋内。其转移的速度除与盐溶液的浓度和温度成正比外，还和盐的纯度及腌渍方法等有关。食盐中所含的氯化钠越多，渗透速度越快。如果盐中含有镁盐和钙盐较多，就会延缓食盐向蛋内的渗透速度，从而推迟蛋的成熟期。蛋中的脂肪对食盐的渗透有相当大的阻力，因此含脂肪多的蛋比含脂肪少的蛋渗透得慢，这也是咸蛋蛋黄不咸的原因。蛋的品质对渗透速度也有影响，新鲜、蛋白浓稠的原料蛋成熟较快，蛋白较稀的原料蛋成熟较慢。加工过程中，温度越高，食盐成分向蛋内渗透越快，反之则慢。蛋内水分的渗出，是从蛋黄通过蛋白逐渐转移到盐水中，食盐则通过蛋白逐渐移入蛋黄内。食盐对蛋白和蛋黄的作用并不相同，对蛋白可使其黏度逐渐降低而变稀，对蛋黄可使其黏度逐渐增加而变稠变硬。

三 糟蛋的加工原理

鲜蛋经过糟制而成糟蛋,其原理目前还缺乏系统的研究,尚未完全弄清楚。一般认为,糯米在酿制过程中,受糖化菌的作用,淀粉分解成糖类,再经酵母的酒精发酵产生醇类(主要为乙醇),同时一部分醇氧化转变为乙酸,加上添加的食盐,共同存在于酒糟中,通过渗透和扩散作用进入蛋内,从而发生一系列物理、生物和化学的变化,并使糟蛋具有显著的防腐能力。最主要的是酒糟中的乙醇和乙酸可使蛋白和蛋黄中的蛋白质发生变性和凝固, 而实际上制成的糟蛋蛋白呈乳白色或酱黄色的胶冻状,蛋黄呈橘红色或橘黄色的半凝固、柔软状态。其原因是酒糟中的乙醇和乙酸含量不高,故不至于使蛋中的蛋白质发生完全变性和凝固;酒糟中的乙醇和糖类(主要是葡萄糖)渗入蛋内,使糟蛋带有醇香味和轻微的甜味;酒糟中的醇类和有机酸渗入蛋内后,经长时间相互作用,产生芳香的酯类,这是糟蛋具有特殊浓郁的芳香气味的主要来源。

蛋在糟制的过程中加入食盐,不仅赋予咸味,增加风味和适口性,还可增强防腐能力,提高贮藏性。鸭蛋在糟制过程中,因为酒糟中乙醇含量较少,食盐亦不多,所以糟蛋糟渍成熟时间长;但在乙醇和食盐长时间(4~6个月)作用下,蛋中微生物的生长和繁殖受到抑制,特别是沙门菌,可以被灭活,因此糟蛋生食对人体无致病作用。

四 洁蛋的加工方法

洁蛋是指禽蛋产出后,经过表面清洁、消毒、烘干、检验、分级、喷码、涂膜、包装等一系列处理后的蛋产品。洁蛋虽然经过一系列的工艺处理,但仍然属于鲜蛋类。洁蛋品质安全可靠,具有较长的有效保质期,可直接上市销售。我国现阶段生产的洁蛋基本是鸡蛋产品。洁蛋的生产工艺

如下：

1.分拣

分拣是指在禽舍内的集蛋器上或者在禽蛋从养殖车间经过传送带送至鲜蛋处理车间的过程中，将异常蛋、血斑蛋、肉斑蛋、异物蛋、过大蛋、过小蛋、破损蛋、裂纹蛋等不合格的蛋通过人工方式剔除的过程。

2.上蛋

上蛋是指将鲜蛋放在洁蛋的生产线上。上蛋的方式有三种：手工上蛋、真空吸蛋器上蛋和传送带直接上蛋。

3.分检

上蛋后要进行的第一步是分检，其目的是通过分检将肉眼不易发现的破损蛋、裂纹蛋、腐败蛋等进一步拣出。

4.清洁(洗)、杀菌

经分检后的蛋进入清洁(洗)环节。如果经过分拣、分检后的蛋壳表面足够干净，清洁工艺可直接利用旋转的毛刷对蛋壳表面的浮尘进行机械擦拭，然后即可进入热风杀菌、分级、包装等后续工序。但若蛋壳粘有粪、饲料、血渍、泥或其他附着污物，则需要采用水清洗工艺。

在我国，常用的鲜蛋消毒剂有次氯酸钠、二氧化氯、过氧乙酸、新吉尔灭、漂白粉等，对微生物有很好的杀灭作用。原则上，《食品安全国家标准　食品添加剂使用标准》(GB 2760—2014)中规定的食品防腐剂都可以作为蛋壳表面的防腐消毒剂。

5.烘干

经过清洗消毒后的蛋进入热风烘干环节。此阶段是将蛋壳表面的水蒸发干燥，烘干温度一般为40~60 ℃。也可以采用先低温蒸发水分再高温杀菌的方式完成烘干过程。

6.喷码

采用电脑打码机或喷码机在每个蛋体或包装盒上进行无害化贴签或喷码标识(包括分类、商标和生产日期),所用喷墨必须是食品级的。

7.涂膜

禽蛋涂膜后可在蛋壳表面形成一层保护膜,延长洁蛋保质期。涂膜可以在洁蛋生产的两个环节进行:一是在鲜蛋清洗干净后立即用水溶性涂膜剂采用喷淋法和浸涂法涂膜,经烘干工艺得到均匀的膜,常用的水溶性涂膜剂有聚乙烯醇、壳聚糖、硅胶等;二是在鲜蛋清洗干净经烘干后使用白色油或油溶性被膜剂对蛋的表面喷涂涂膜,这种涂膜方式中使用的涂膜剂品种较多,共同的特点是油溶性的。涂膜剂必须是无毒、安全且卫生的。

8.检验

此次为第二次检验,经过以上程序处理的鲜蛋,仍有可能破裂或未洗干净,在分级之前要求选出。根据设备的自动化程度,有人工挑选、机械检验、人工挑选和机械检验相结合的方法。

9.分级

生产线上对蛋的分级是按蛋的个体重量来进行的，这种分级方式有助于鲜蛋的包装,以满足不同消费者的需要。分级的方法主要有机械式和电子式两种。目前,先进国家的分级作业均采用自动识别机或电脑系统进行洁蛋分级。

10.包装

经分级后的禽蛋进入包装工艺，可通过生产线上的机械手完成内包和外包过程。

11.贮藏、运输与销售

包装后的食用鲜蛋,应及时地送往销售卖场,或者放入冷藏库冷藏。

所有经过处理后的洁蛋，都要在一定的保鲜时间内售完。

鸡蛋运送时最重要的问题为路况（震动）、温度与湿度等。鸡蛋宜在低温下输送，在炎热夏季需以冷藏车输送，而且在输送中需注意温度不要波动大。另外，需要注意的是，雨季使蛋壳表面潮湿，极易导致微生物侵入蛋内增殖。

第三节　皮蛋的加工

根据腌制工艺的不同，皮蛋可分为溏心皮蛋和硬心皮蛋。当前，溏心皮蛋加工的工业化程度较高，具体配方和加工工艺如下。

一　配方

我国主要松花蛋加工地区的传统配方中曾经都使用了氧化铅，随着科技进步，现在的皮蛋制作技术中逐步淘汰了对氧化铅的使用，即生产出无铅皮蛋。松花蛋加工中，实际配方应根据生产季节、气候等情况做出调整，以保证产品的质量。由于夏季鸭蛋的质量不及春、秋季节的质量高，蛋下缸后易出现蛋黄上浮及变质发生，因此，应将生石灰与纯碱的用量适当加大，从而加速松花蛋的成熟，缩短成熟期。现代配方中，所制成的料液的氢氧化钠含量一般要求为4%~5%，硬心松花蛋可稍高。

无铅传统配方：纯碱3.5千克，石灰13千克，茶叶末1.25千克，食盐 1.50千克，硫酸锌0.08千克，硫酸铜0.04千克，植物灰0.50千克，清水50千克，鸭蛋1 000枚。

无铅清料配方：氢氧化钠30~40克，硫酸锌2~3克，硫酸铜0~1克，食盐50~60克，红茶末25克，沸水1千克，鸭蛋20枚。

以上配方中主要原料的特性及作用介绍如下：

1.纯碱

纯碱的学名叫无水碳酸钠（Na_2CO_3），俗称食碱、苏打等。白色粉末，含有碳酸钠约99%。纯碱是加工皮蛋的主要材料之一，其作用是使蛋内的蛋白和蛋黄发生胶性凝固。为保证皮蛋的加工质量，选用纯碱时，要挑选质纯色白的粉末状纯碱，碳酸钠含量要在96%以上，不能用吸潮后变色发黄的"老碱"。

2.生石灰

生石灰的学名叫氧化钙（CaO），俗称石灰、煅石灰、广灰等。块状白色、体轻，在水中能产生强烈的气泡，生成氢氧化钙（熟石灰）。腌制皮蛋时，要求选用的生石灰中的有效氧化钙含量不得低于75%。同时，生石灰的使用量要适当，如果使用过多，不仅浪费，还会妨碍皮蛋起缸，增加破损，甚至使皮蛋产生苦味，有的蛋壳上还会残留有石灰斑点；如果使用过少，将会影响皮蛋中内容物的凝固。为此，生石灰的用量，以满足与碳酸钠作用时所生成的氢氧化钠的浓度达到4%~5%为宜。

3.食盐

食盐的主要成分是氯化钠（NaCl）。白色结晶体，具有咸味，在空气中易吸收水分而潮解。腌制皮蛋时，要求选用的食盐中的氯化钠含量要在96%以上，通常以海盐或再制盐为好。在加工皮蛋的混合料液中，一般要加入3%~4%的食盐。如果食盐加入过多，会降低蛋白的凝固，反而使蛋黄变硬；如果食盐加入过少，不能起到改变皮蛋风味的作用。

4.茶叶

加工皮蛋使用茶叶，一是增加皮蛋的色泽，二是提高皮蛋的风味，三是茶叶中的单宁能促使蛋白发生凝固作用。加工皮蛋，一般都选用红茶末，因红茶中含有茶单宁8%~25%、茶素（咖啡碱）1%~5%，还含有茶精、茶色素、果胶、精油、糖、茶叶碱、可可碱等成分。这些成分能增加皮蛋的色泽，提高风味和帮助蛋白凝固。而这些成分在绿茶中的含量比较少，故多使用红茶。对于受潮或产生霉味的茶叶，严禁使用。

5.草木灰

以桑树、油桐树、柏树的树枝，以及豆秸、棉籽壳等烧成的灰为最好。草木灰含有各种不同的矿物质和芳香物质，这些物质能增进皮蛋的品质和提高其风味。灰中含量较多的物质有碳酸钠和碳酸钾。据化学分析，油桐子壳灰中的含碱量在10%左右，与石灰水作用，同样可以产生氢氧化钠和氢氧化钙，使鲜蛋加快转化成皮蛋。此外，柏树枝柴灰中含有特殊的气味和芳香物质，用这种灰加工成的皮蛋，别具风味。无论何种植物灰，都要求质地纯净、粉粒大小均匀，不得含有泥沙和其他杂质，也不得有异味。使用前，要将灰过筛除去杂质，方可倒入料液中混合，并搅拌均匀。植物灰的使用数量，要按植物树枝的种类决定。这是因为不同的树枝或籽壳烧成的灰，它们的含碱量是有区别的。

6.黄丹粉

黄丹粉的有效成分为氧化铅（PbO）。其作用主要有三点，一是调节碱液渗入蛋白内的速度；二是使松花蛋的蛋黄具有特殊的青黑色；三是使蛋白质凝固后保持蛋白有一定的硬度，便于剥壳后保持形状完整。有的溏心松花蛋使用，而硬心松花蛋均不添加。现代皮蛋加工中，已采用Cu^{2+}、Zn^{2+}、Fe^{3+}或Fe^{2+}等对人体无害的金属离子代替铅离子，生产无铅皮蛋。

二 加工工艺

通常，皮蛋加工工艺流程如图2-2所示。

具体制作方法如下：

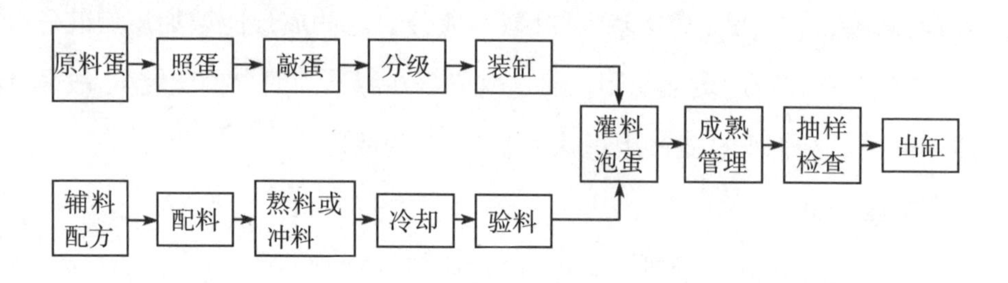

图2-2　皮蛋加工工艺流程

1.传统湿法腌制技术

传统湿法腌制技术即浸泡法，由于取材方便、成熟均匀、干净卫生、料液浓度易于控制、料液可循环使用、适合任何规模生产等优点，被广泛采用。

1)料液的配制

湿法腌制皮蛋的料液同样应根据生产季节、气候等情况做出相应调整，料液中由生石灰和纯碱反应生成的氢氧化钠的起始浓度以4%~5%为佳。各地参考配方见表2-2。这些配方中仍然使用了氧化铅，具体加工过程中应以铜、锌等化合物代替，加工生产无铅皮蛋。

表 2-2　全国各地湿法腌制技术参考配方(单位:千克)

配料	北京		天津		湖北	
	春、秋季	夏季	春初、秋末	夏季	一、四季度	二、三季度
鲜鸭蛋	800	800	800	800	1 000	1 000
生石灰	28～30	30～32	28	30	32～35	35～36
纯碱	7.0	7.5	7.5	8.0～8.5	6.5～7.0	7.5
氧化铅	0.3	0.3	0.3	0.3	0.2～0.3	0.2～0.3
食用盐	4	4	3	3	3	3
茶叶	3	3	3	3	3.5	4
植物灰	2	2	—	—	5～6	7
清水或沸水	100	100	100	100	100	100

先将生石灰、纯碱、食盐称好放入桶中，后将食品级金属盐（硫酸铜、硫酸锌等）、草木灰放在生石灰上面，然后加入清水。待桶中沸腾减弱后，不断翻动搅拌均匀，捡出石块，并补足捞出的石块相同重量的生石灰，以保证料液浓度。待到桶中的各种材料充分溶解化开后，倒入配料池中，并不断搅拌。最后将茶叶称量好分装在编织袋里，浸泡在料液里直至灌料前捞出。料液在使用前必须测定其碱度，以保证皮蛋腌制效果。

2）入池

将选好的蛋轻拿轻放，一层一层地平放入筐，切忌直立，以免蛋黄偏于一端。将筐码入腌制池中，放平放稳，轻拿轻放。当装到离池口约20厘米时，上用空筐、砖压好，以免灌料后蛋会浮起来。

3）灌料

将准备好的料液用料液泵抽入腌制池中，灌到超过蛋面约5厘米时停止。注意这时要保持蛋在池中静止不动，否则蛋的成熟不好。料液的温度要随季节不同而异，在春、秋季节，料液的温度应以控制在15 ℃左右为宜，冬季最低20 ℃为宜，夏季料液的温度应控制在20~22 ℃，以保持在25 ℃以下为佳。若料液温度和室温均过低时，则部分蛋清发黄，有的部分发硬，蛋黄不呈溏心，并带有苦涩味；反之，料液温度过高，部分蛋清发软、粘壳，剥壳后蛋白不完整，甚至蛋黄发臭。

4）技术管理

灌料后即进入腌制过程，一直到松花蛋成熟，这一段的技术管理工作同成品质量的关系十分密切。首先是严格掌握室内的温度，一般要求在21~34 ℃。春、秋季节经过7~10天，夏季经过3~4天，冬季经过5~7 天的浸渍，蛋的内容物即开始发生变化，蛋白首先变稀，称为“化清阶段”。随后约经3天蛋白逐渐凝固。此时室内温度可提高到25~27 ℃，以便加速碱液和其他配料向蛋内渗透，待浸渍15天左右，可将室温降至16~18 ℃，以便使配料缓缓地进入蛋内。不同地区室温要求也有所不同，南方地区夏天不应高于30 ℃，冬天保持在25 ℃左右。夏季可采取一些降温措施，冬天可采取适当的保暖办法。腌制过程中，为使料液上下浓度一致，保证腌制质量，每隔10~15天翻池一次，还应注意勤观察、勤检查。为避免出现黑皮、白蛋等次品，每天检查蛋的变化、温度高低等，以便及时发现问题及时解决。不同腌制温度下蛋白的变化情况见表2–3。

表 2－3　不同腌制温度下蛋白的变化情况

室内温度/℃	凝固时间/小时	凝固后液化时间/小时	全部化清时间/小时
10	15～16	18～20	72～73
15.5	13～14	15～17	48～49
21.5	10～11 小时，蛋白未完全凝固，杯边即开始液化，至 12 小时杯心凝固		40
26.5	8 小时，蛋白未完全凝固，杯边即开始液化，至 8～11 小时杯心凝固		28～29
31	7 小时，蛋白未完全凝固，杯边即开始液化，至 9～9.5 小时杯心凝固		21～22

注：蛋白液化时蛋白呈象牙色，蛋白全部液化时杯底蛋白呈金黄色。

5）成熟与出池

一般情况下，鸭蛋入池后，在料液中腌渍35天左右，即可成熟变成皮蛋，夏天需30~35天，冬天需35~40天。为了确切知道成熟与否，可在出池前，在各池中抽样检验，经检验判断全部鸭蛋成熟了便可出池。出池前，先拿走池上面的砖块和空筐，后将成熟的鸭蛋捞出，置于池外待清洗。出池时要注意轻拿轻放，避免蛋壳破损。因为蛋壳出现裂缝后，蛋清在夏天易化水变臭，在冬天易吹风发黄。

6）清洗

将从池中捞出的皮蛋用自来水冲洗，洗去附在蛋壳上的碱液和其他

污物,装入竹筐中晾干。冲洗时,手要戴塑胶手套,避免料液粘手引起皮肤溃烂。

7)内在质量分级

对于出池后的皮蛋,严格进行内在质量分级是保证皮蛋质量的一道重要工序。内在质量分级的方法是“一观、二弹、三掂、四摇、五照”。前四种方法为感官鉴定法,后一种方法为照蛋法(灯光透视)。

(1)一观:观看蛋壳是否完整、壳色是否正常(壳色以清缸色为好)。通过肉眼观察,可将破损蛋、裂纹蛋、黑壳蛋及比较严重的黑色斑块蛋(在蛋壳表面)等次劣蛋剔除。

(2)二弹:拿一枚皮蛋放在手上,用食指轻轻弹一下蛋壳,试其内容物有无弹性。若弹性明显并有沉甸甸的感觉,则为优质蛋;若无弹性感觉,则需要进一步用手抛法鉴别蛋的质量。

(3)三掂:拿一枚皮蛋放在手上,向上轻抛丢两三次或数次,试其内容物有无弹性,即为掂蛋,或称为手抛法,以此鉴定蛋的质量。若抛到手里有弹性并有沉甸甸的感觉者为优质蛋;若弹性过大,则为大溏心蛋;若微有弹性,则为无溏心蛋(死心蛋);若无弹性,则需要进一步用手摇法鉴别蛋的质量。

(4)四摇:此法是前法的补充,当用手抛法不能判定其质量优劣时,再用手摇法,即用手捏住皮蛋的两端,在耳边上下、左右摇动两三次或数次,听其有无水响声或撞击声。若无弹性,水响声大者,则为大糟头(烂头)蛋;若微有弹性,只有一端有水荡声者,则为小糟头(烂头)蛋;若用手摇时有水响声,破壳检验时蛋白、蛋黄呈液体状态的蛋,则为水响蛋,即劣质蛋。

(5)五照:用上述感官鉴定法还难以判明成品质量优劣时,可以采用照蛋法进行鉴定。在灯光透视时,若蛋内大部分或全部呈黑色(深褐色),

小部分呈黄色或浅红色者为优质蛋；若大部分或全部呈黄褐色透明体，则为未成熟的蛋；若内部呈黑色暗影，并有水泡阴影来回转动，则为水响蛋；若一端呈深红色，且蛋白有部分粘贴在蛋壳上，则为粘壳蛋；若在呈深红色部分有云状黑色溶液晃动着，则为糟头(烂头)蛋。

经过上述一系列鉴定方法鉴别出的优质蛋或正常合格蛋，按大小分级装筐，以备包装。其余各种类型的次劣蛋均须剔除。

8)包装

经过内在质量分级后的蛋要先进行真空或涂膜后套袋包装，也可直接套袋包装，然后装塑盒或泡沫盒，按规定分级别、分品种装箱，不得有级别混乱或漏装欠数现象，包装内外要整洁美观。

9)贮存、销售

成品应置阴凉通风处贮存，保质期半年。

2.无铅皮蛋加工新工艺

皮蛋传统腌制方法是添加铅盐以控制氢氧化钠的均匀渗透，促进离壳、防腐，同时增加皮蛋的风味和色彩。由于铅元素对神经系统有损害且具有累积性，我国于20世纪80年代后期开始皮蛋加工中代铅研究。开始是研究碘代铅，效果不太理想；后来采用铜盐代铅，取得一定的效果。目前，我国皮蛋生产所用的工艺配方中基本上都不采用氧化铅这类有害的物质，实现了无铅配方的工业化生产。

3.无斑点皮蛋加工新工艺

虽然铜盐代铅工艺腌制效果不错，但是一方面由于我国居民以谷物为主食的膳食结构，普遍不缺铜，皮蛋国家标准中铜的限量值比较小，容易超标；另一方面采用铜盐代铅工艺腌制的皮蛋蛋体表面有很多黑斑，类似“铅斑”，易给消费者造成误导，认为是含铅皮蛋，从而影响销售。无斑点新技术在加工时只加可溶性锌盐，皮蛋外壳无黑斑，无铅，且其锌的

含量是普通皮蛋的10倍多,因此我们称其为无斑点皮蛋或富锌皮蛋。锌是人体必需微量元素之一，但我国居民膳食中普遍存在锌供应不足,因此常食富锌食品有利于健康。

无斑点技术和传统腌制技术比较,还存在两大技术难题:一是皮蛋易碱伤烂头,返黄多,成品率低;二是皮蛋浸泡期短,溏心大,品质与贮藏性能都差。影响无斑点皮蛋质量的关键因素及其解决方法如下。

皮蛋浸泡液在浸泡期间,碱浓度总体呈下降趋势,根据碱浓度的下降特性,无斑点皮蛋生产可划为四个时期:速降期、回升期、缓降期与稳降期。

速降期:1~8天,是浸泡过程中下降速度最快的时期,蛋白先化清,后凝固,蛋黄轻度凝固。

回升期:9~12天,下降量仅为0.1%,速度缓慢,且在9~10天时,料液碱的浓度不降反升。其间,蛋白凝固,变浅褐色,蛋黄外周已凝固。

缓降期:13~18天,氢氧化钠浓度平均下降0.14%,蛋黄开始变色。此时蛋内pH由8.21上升到9.85,蛋黄开始快速进行皂化反应,外层开始变硬。

稳降期:18~30天,氢氧化钠浓度平均下降0.27%,蛋黄颜色由绿色转为墨绿色。此时,蛋白、蛋黄的pH上升都非常小,渗透进来的碱主要用于蛋黄继续进行皂化反应,蛋黄溏心不断变小,皮蛋逐渐成熟。30天以后基本上处于相对稳定的动态平衡状态。

缓降期与稳降期保证了皮蛋后期成熟,是皮蛋质量保障的不可缺少的时期。在进入18天后,蛋白pH与蛋黄pH基本处于稳定状态,这一时期,蛋白内的碱一方面向蛋黄渗透,浓度有减少的趋势;另一方面,料液碱还在不断向蛋内渗透,浓度有增加的趋势。此时,则需要加入金属离子形成沉淀堵塞蛋孔和蛋膜孔,以便能恰当地控制碱的渗入量,维持蛋白pH的动态平衡，否则，易导致皮蛋碱伤烂头。因此，如何控制这一时期碱的渗透速率成为无斑点皮蛋成功与否的关键。虽然锌控制碱的渗透能力远不如铅和铜，但料液碱的浓度与温度同样是影响碱渗透的重要因素，在浸泡的不同时期要采用不同的温度与碱浓度进行处理，同样可达到加铅或铜或多种金属元素混合的效果。

在皮蛋生产后期，采用不同碱浓度与温度处理，同样可很好地控制碱的渗透量，减少碱伤烂头现象，提高产品合格率。缓降期，由于蛋白凝固，大量自由水变成结合水，蛋内pH升高，此时要严格控制碱进入蛋体内的量。此时降低浸泡液碱的浓度，可大大降低碱的渗透量。这一时期也是皮蛋转色的开始时期，高温有利于皮蛋的转色以及风味的形成，所以，宜采用低碱浓度与适当高温控制，有利提高皮蛋质量。而进入稳降期后，皮蛋成熟还需要一定的碱量，以保证碱与蛋黄中脂肪酸充分进行皂化反应，缩小溏心，促进成熟，因此这一时间适当调高料液碱的浓度，降低料液温度，则有利于控制碱的过分渗入，以防皮蛋碱伤烂头。

不同时期对料液碱浓度与温度的要求是不同的。据汤钦林研究发现最佳条件见表2-4。

表2-4　无斑点皮蛋浸泡最佳工艺条件

浸泡时间/天	浸泡液的初始碱度/%	浸泡液的温度/℃
0～12	4.5	22
13～18	1.5	25
19～45	2.5	20

此法改变了传统生产皮蛋一次配料、一泡到底的工艺，用此新工艺参数指导生产加工的皮蛋质量可与传统的有铅皮蛋相媲美。

4.清料法生产新工艺

根据皮蛋加工的基本原理，利用食品级的氢氧化钠（NaOH）部分或

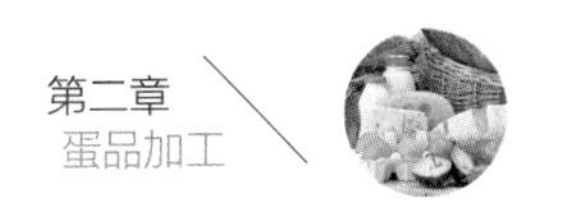

全部代替生石灰与纯碱，料液中不含沉渣或极少沉渣的皮蛋生产方法，称为“清料法”或“清料生产法”。

传统方式生产皮蛋采用“纯碱生石灰浊料法”，底层沉渣多，不适应工业化的管道料液输送，而且过多的Ca^{2+}使蛋壳易碎，配制工艺复杂。目前我国科技人员根据皮蛋的加工原理，利用食品级的NaOH代替部分生石灰与纯碱，大幅度降低了生石灰与纯碱用量，明显减少了料液中的沉渣，甚至料液中没有沉渣，有利于料液的管道输送，产品质量、品质与风味均达到了传统石灰法生产的皮蛋，而且降低了破损率，实现了清料法生产。

第四节　咸蛋的加工

咸蛋在我国各地均有大量生产。加工咸蛋的原料主要为鸭蛋，有的地方也用鸡蛋或鹅蛋来加工，但以鸭蛋为最好，产品质量与风味最佳。其加工也有多种方法，如草灰法、盐泥涂布法、盐水浸渍法、泥浸法、包泥法等。咸蛋的腌制过程，就是食盐通过蛋壳及蛋壳膜向蛋内进行渗透和扩散的过程。常用的加工方法如下。

一 裹泥腌制法

1.用料配制

新鲜鸭蛋50个，白酒2.5升，红土2千克，食盐500克。注意：白酒尽量用高度白酒；红土尽量过筛后暴晒2~3天进行杀菌处理。

2.腌制步骤

鸭蛋清洗干净后，自然晾干，倒入白酒浸泡20~30分钟。在用酒浸泡鸭蛋时，把红土和食用盐倒一起并混合均匀，然后把白酒和凉白开也倒进去，搅拌成泥状。再把浸泡好的鸭蛋放进去，让鸭蛋均匀裹上红泥，尽量裹厚一点，最后放入密封罐里密封好。一般来说，夏季大约腌30天，春、秋季大约腌40天，冬季大约腌50天。

二 盐水浸泡法

盐水浸泡法在工业生产中应用加多，具体工艺和配方如下。

1.盐水的配制

冷开水80千克，食盐20千克，花椒、白酒适量。将食盐于开水中溶解，再放入花椒，待冷却至室温后再加入白酒即可用于浸泡腌制。

2.浸泡腌制

将鲜蛋放入干净的缸内并压实，慢慢灌入盐水，将蛋完全浸没，加盖密封腌制20天左右即可成熟。浸泡腌制时间最多不能超过30天，否则成品太咸且蛋壳上出现黑斑。第一次所用的泡蛋的盐水可留作第二次甚至多次使用(但要追加食盐)。盐水的浓度与腌蛋的品质颇有关系，如用10%的盐水腌蛋，所用的蛋平均质量为81.7克，腌制后，每蛋含盐量为1.2克，全蛋含盐量为1.5%，除壳后含盐量为1.7%。用20%的盐水腌蛋，所用的蛋平均质量为80.7克，每蛋含盐量为4.1克，全蛋含盐量为5%，除壳后含盐量为5.6%。用30%的盐水腌蛋，所用的蛋平均质量为81.2克，每蛋含盐量为5.1克，全蛋含盐量为6.3%，除壳后含盐量为7.8%。以上鸭蛋腌制期为40天。试验结果表明，用20%的盐水来腌蛋最适宜，10%盐水腌的蛋味道较淡。

3.传统腌制方法的改进

咸蛋在我国的蛋制品中占有重要地位，它既是我国居民日常消费的食品，也是我国蛋制品出口的主要品种。

咸蛋传统加工方法的生产周期均较长，对资金周转、场地利用均不

利。为缩短生产周期，李根样等采用压力腌蛋法，即将蛋放入压力容器内，加入饱和盐水，然后对容器进行加压，经24~48小时即可腌制完毕；黄如瑾采用3%~13%的盐酸腐蚀蛋外壳，使蛋成为软壳蛋后，再加盐水腌渍，以加速咸蛋加工进程；黄浩军将盐与调味料以2:3比例配成卤汁，再将卤汁灌入注射器，直接注入蛋内以缩短加工周期。为保证成品蛋的清洁卫生和食用方便，周承显发明了以咸蛋纸制作咸蛋的方法，它是把喷洒和浸渍并撒上适度食盐的植物纤维组织或无纺布包裹于干净的咸蛋上，密封25~30天，即制成咸蛋；陈雄德发明了真空无泥咸蛋的制作方法。另外，为了增加咸蛋的风味和营养，有人发明了五香熟咸蛋的加工方法、富硒咸蛋的生产方法等。

第五节　糟蛋的加工

糟蛋是鲜鸭蛋经糟制而成的再制品，它是我国著名的传统特产食品，营养丰富，风味独特，是我国人民喜爱的食品和传统出口产品。我国著名的糟蛋有浙江省平湖市的平湖糟蛋和四川省宜宾市的叙府糟蛋。下面以平湖糟蛋为例介绍其加工工艺。

糟蛋加工的季节性较强，一般在三四月间至端午节。端午节后天气渐热，不宜加工。加工糟蛋要掌握好3个环节，即酿酒制糟、选蛋击壳、装坛糟制。其工艺流程如图2-3。

1.酿酒制糟

（1）浸米：糯米是酿酒制糟的原料，按腌渍100枚蛋用糯米9~9.5千克计算。先将米放在淘米裸内淘净，后放入缸内，加入冷水浸泡，目的是使糯米吸水膨胀，便于蒸煮糊化，浸泡时间以气温12 ℃浸泡24小时为计算

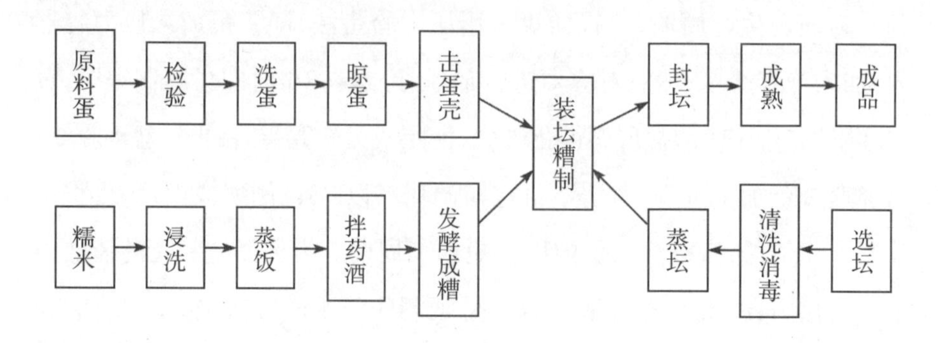

图2-3 糟蛋加工工艺流程

依据。气温每上升2 ℃,可减少浸泡1小时;气温每下降2 ℃,需增加浸泡1小时。

(2)蒸饭:目的是促进淀粉糊化,改变其结构从而利于糖化。把浸好的糯米从缸中捞出,用冷水冲洗一次,倒入桶内(每桶约装米37.5千克),米面铺平。在蒸饭前,先将锅内水烧开,再将蒸饭桶放在蒸板上,先不加盖,待蒸汽从锅内透过糯米上升后,再用木盖盖好。蒸10分钟左右,将木盖拉开,用洗帚蘸热水撒泼在米饭上,以使上层米饭蒸涨均匀,防止上层米饭因水分蒸发而使米粒水分不足,米粒不涨,出现僵饭。再将木盖盖好蒸15分钟,揭开锅盖,用木棒将米搅拌一次,再蒸5分钟,使米饭全部熟透。蒸饭的程度掌握在出饭率150%左右。要求饭粒饱满、无白心,透而不烂、熟而不黏。

(3)淋饭:亦称淋水,目的是使米饭迅速冷却,便于接种。将蒸好饭的蒸桶放于淋饭架上,用冷水浇淋,使米饭冷却。一般每桶饭用水75千克,2~3分钟内淋尽,使热饭的温度降低到28~30 ℃,手摸不烫为宜,但也不能降得太低,以免影响菌种的生长和发育。

(4)拌酒药及酿糟:淋水后的饭,沥去水分,倒入缸中,撒上预先研成细末的酒药。酒药的用量以50千克的米出饭75千克计算,需加入白酒药165~215克、甜酒药60~100克,还应根据气温的高低而增减用药量,其计

算方法见表2–5。

表 2－5　温度对白/甜酒药用量的影响

气温/℃	白酒药/克	甜酒药/克
5～8	215	100
8～10	200	95
10～14	190	85
14～18	185	80
18～22	180	70
22～24	170	65
24～26	165	60

加酒药后，将饭和酒药搅拌均匀，面上拍平、拍紧，表面再撒上一层酒药，中间挖一个直径30厘米的潭，上大下小，深潭深入缸底，潭底不要留饭。缸体周围包上草席，缸口用干净草盖盖好，以便保温。经20~30小时，品温达35 ℃，就可出酒酿。当潭内酒酿有3~4厘米深时，应将草盖用竹棒撑起12厘米高，以降低温度，防酒糟热伤、发红、产生苦味。待潭满时，每隔6小时将潭内的酒酿用勺舀出来泼在糟面上，使糟充分酿制。经7天后，把酒精拌和灌入坛内，静置14天待变化完成，性质稳定时方可供制糟蛋用。品质优良的酒糟，色白、味香、带甜，乙醇含量为15%左右，波美表测量时为波美10°左右。

2.选蛋击壳

（1）选蛋：根据原料蛋的要求进行选蛋，通过感官鉴定和照蛋，剔除次蛋、劣蛋和小蛋，整理后粗分等级。

（2）洗蛋：挑选好的蛋，在糟制前1~2天，逐只用板刷清洗，除去蛋壳上的污物，再用清水漂洗，然后铺于竹匾上，置通风阴凉处晾干，如有少许的水迹也可用干洁毛巾擦干。

（3）击蛋破壳：击蛋破壳是平湖糟蛋加工的特有工艺，是保证糟蛋软壳的主要措施。其目的在于糟渍过程中,使醇、酸、糖等物质易于渗入蛋内,提早成熟,并使蛋壳易于脱落且便于蛋身膨大。击蛋时,将蛋放在左手掌上,右手拿竹片,对准蛋的纵径,轻轻一击使蛋壳产生纵向裂纹,然后将蛋转半周,再用竹片照样击一下,使纵向裂纹延伸连成一线。击蛋时用力轻重要适当,做到壳破而膜不破,否则不能用于加工。

3.装坛糟制

(1)蒸坛:糟制前检查所用的坛是否有破漏,用清水洗净后进行蒸汽消毒,消毒时坛底朝上,并涂上石灰水,然后倒置在蒸坛上用的带孔眼的木盖上,再放在锅上,加热锅里的水至沸,使蒸汽通过盖孔而冲入坛内加热杀菌。如发现坛底或坛壁上有气泡或蒸汽透出,即是漏坛,不能使用,待坛底石灰水蒸干时,消毒即告完毕。然后把坛口朝上,使蒸汽外溢,冷却后叠起,坛与坛之间用三丁纸两张衬垫,最上面的坛,在三丁纸上用方砖压上,备用。

(2)落坛:取经过消毒的糟蛋坛,用酿制成熟的酒糟4千克(底糟)铺于坛底,摊平后,随后将击破蛋壳的蛋放入,每只蛋的大头朝上,直插入糟内,蛋与蛋依次平放,相互间的间隙不宜太大,但也不要挤得过紧,以蛋四周均有糟且能旋转自如为宜。第一层蛋排好后再放腰糟4千克,同样将蛋放上,即为第二层蛋。一般第一层放蛋为50多枚,第二层放60多枚,每坛放2层共120枚。第二层排满蛋后,再用9千克面糟摊平盖面,然后均匀地撒上1.6~1.8千克食盐。

(3)封坛:目的是防止乙醇和乙酸挥发和细菌的侵入,蛋入糟后,坛口用牛皮纸2张,刷上猪血,将坛口密封,外再用竹箬包牛皮纸,用草绳沿坛口扎紧。封好的坛,每四坛一叠,坛与坛间用三丁纸垫上(纸有吸潮能力)。排坛要稳,防止摇动而使食盐下沉,每叠最上一只坛口用方砖压实。每坛上面标明日期、蛋数、级别,以便检验。

(4)成熟:糟蛋的成熟期为4.5~5个月。成熟过程一般存放于仓库里,所以应逐月抽样验查,以便控制糟蛋的质量,根据成熟的变化情况,来判别糟蛋的品质。

第一个月,蛋壳带蟹青色,击破裂缝已较明显,但蛋内容物与鲜蛋相仿。

第二个月,蛋壳裂缝扩大,蛋壳与壳下膜逐渐分离,蛋黄开始凝结,蛋白仍为液体状态。

第三个月,蛋壳与壳下膜完全分离,蛋黄全部凝结,蛋白开始凝结。

第四个月,蛋壳与壳下膜脱开1/3。蛋黄呈微红色,蛋白呈乳白色。

第五个月,蛋壳大部分脱落,或虽有少部分附着,只要轻轻一剥即予脱落。蛋白呈乳白胶冻状,蛋黄呈橘红色的半凝固状,此时蛋已糟制成熟,可以投放市场销售。

第六节　液蛋的加工

液蛋制品根据原料的不同,可分为全蛋液、蛋黄液、蛋清液、冰蛋等,具体分类见表2–6。

表 2–6　常见液蛋产品

种类	类别
全蛋液	全蛋液、杀菌全蛋液、加盐全蛋液
蛋白液	蛋白液、杀菌蛋白液
蛋黄液	杀菌蛋黄液、加盐蛋黄液、加糖蛋黄液、酶解蛋黄液
冰蛋	冰全蛋、冰蛋白、冰蛋黄

1.工艺流程

蛋液经过不同的加工方式处理之后,可得到种类繁多的液蛋产品,如

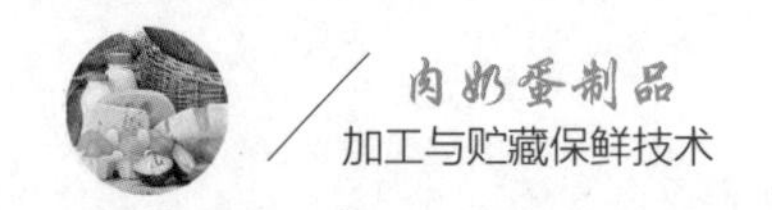

全蛋液、蛋清液、蛋黄液、加盐蛋黄液等。液蛋产品的生产工艺包括原料蛋预处理，打蛋，去壳与过滤，预冷，蛋液的暂存与混合，杀菌，装填、包装及运输等，加工工艺流程如图2–4所示。

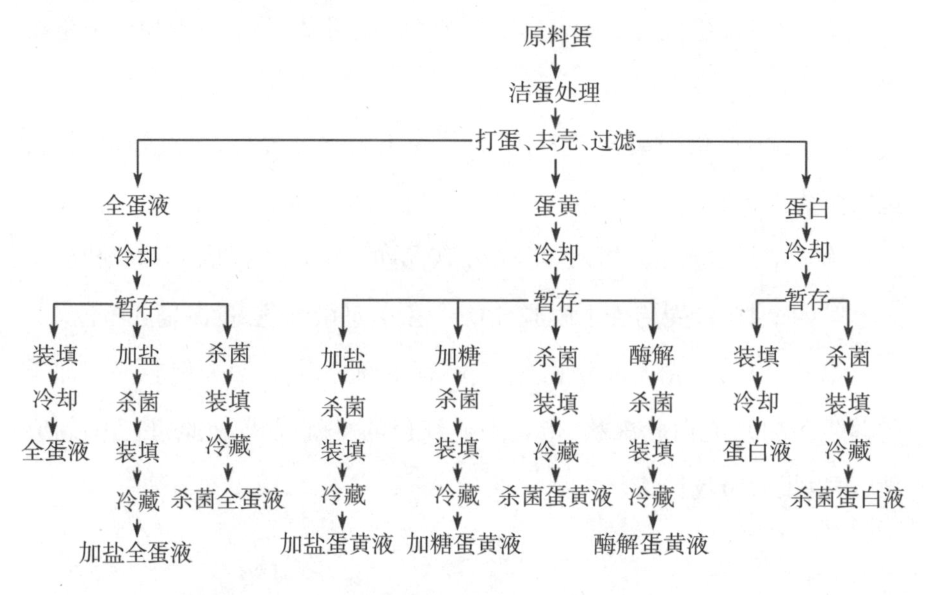

图2–4　液蛋产品生产工艺流程图

2.设备流程

如图2–5所示。

1—上蛋；2—鲜蛋的清洗和消毒；3—打蛋；4—过滤；5—预冷；
6—暂存灌；7—泵；8—巴氏杀菌；9—罐装

图2–5　蛋液生产设备流程图

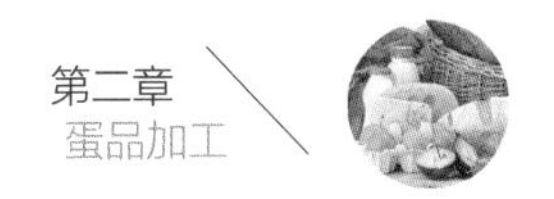

3.液蛋产品加工的关键工艺

液蛋产品加工的关键工艺包括原料蛋的预处理、打蛋、去壳与过滤、蛋液冷却、蛋液的暂存与混合、杀菌、填充及包装等。

1)打蛋

无论何种液蛋产品,均需经过打蛋、去壳、过滤等工序。一般是洗蛋干燥后将其送到打蛋车间进行打蛋,并在此之前检查蛋的质量,剔出洗蛋过程中的破壳蛋。打蛋就是将蛋壳击破,取出蛋液的过程,分为打全蛋和打分蛋两种。打全蛋就是将蛋壳打开后,把蛋白和蛋黄混装在一个容器里。打分蛋就是将蛋白、蛋黄分开,分放在两个容器里。从打蛋开始,蛋液开始暴露在空气中,因此需要在设备内部保持正压,且空气应该经过过滤处理。洗蛋的房间应该保持负压,以防止污染的空气进入打蛋间。打蛋的方法包括人工打蛋和机械打蛋。

机械打蛋主要是在打蛋机(图2-6)上完成的。机械打蛋能减轻劳动强度,提高生产效率,但要求蛋的鲜度高,蛋的大小适当。而我国目前蛋源分散,蛋鸡的品种杂,所产的蛋大小不一,给机械打蛋带来了一定困难,故采用机械打蛋的同时配合以手工打蛋是比较合理的,这样可以保证蛋液的质量。

图2-6　打蛋机

2)过滤

打蛋结束,蛋液中会混有少量的蛋壳、壳膜和系带等杂物,需经过过滤器(图2-7)进行过滤。目前,蛋液的过滤多使用压送式过滤机,但是在国外也有使用离心分离机来除去系带、碎蛋壳等杂物。由于蛋液在混合、过滤前后均需要冷却,而冷却会使蛋白与蛋黄因相对密度差异而不均匀,故需要通过均质机或胶体磨,或添加食用乳化剂以使其均匀混合。对于蛋液的混合机、过滤机,需注意清洗、杀菌,以免其被微生物污染。

图2-7　蛋液过滤器

3)预冷

由于打蛋温度较高,为了预防蛋液中微生物生长繁殖,对于收集到的蛋液在进入暂存罐之前需进行降温处理。这个处理操作在蛋液向暂存罐输送的过程中完成,制冷剂为0~3 ℃的乙二醇水溶液或氯化钙水溶液。由于氯化钙具有极强的腐蚀作用,目前工业化生产过程中使用较少。预冷后蛋液温度可降至4 ℃,再进入暂存罐。

4)蛋液的暂存

图2-8 蛋液暂存罐

冷却后的蛋液进入暂存罐(图2-8),积攒够一定量之后再被泵入杀菌系统。除全蛋液、蛋白液和蛋黄液外,根据实际生产需求，还会在蛋液中添加食盐、糖或酶等物质,以改善蛋液的加工特性。

5)杀菌

原料蛋在洗蛋、打蛋去壳、蛋液混合、过滤处理过程中,均可能受微生物的污染,而且蛋在打蛋、去壳后即失去了一部分防御体制,因此生蛋液需经杀菌方可保证卫生安全。蛋液的巴氏杀菌可彻底杀灭蛋液中的致病菌,最大限度地减少细菌总数,同时最大限度保持蛋液营养成分不受损失。

全蛋液、蛋白液、蛋黄液和添加盐、糖的蛋液的化学组成不同,对热的抵抗能力有差异,因此采用的巴氏杀菌的加热条件也有不同。我国对全蛋液的巴氏杀菌要求是64.5 ℃,3分钟。部分国家对蛋液巴氏杀菌的要求见表2-7。

表 2-7 部分国家的蛋液低温杀菌条件

国家	全蛋液杀菌条件	蛋白液杀菌条件	蛋黄液杀菌条件
波兰	64 ℃,3 分钟	56 ℃,3 分钟	60.5 ℃,3 分钟
德国	65.5 ℃,5 分钟	56 ℃,8 分钟	58 ℃,3.5 分钟
法国	58 ℃,4 分钟	55～56 ℃,3.5 分钟	62.5 ℃,4 分钟
瑞典	58 ℃,4 分钟	55～56 ℃,3.5 分钟	62～63 ℃,4 分钟
英国	64.4 ℃,2.5 分钟	57.2 ℃,2.5 分钟	62.8 ℃,2.5 分钟
澳大利亚	64.4 ℃,2.5 分钟	55.6 ℃,1.0 分钟	60.6 ℃,3.5 分钟
美国	60 ℃,3.5 分钟	56.7 ℃,1.75 分钟	60 ℃,3.1 分钟

蛋液巴氏杀菌装置和杀菌车间分别如图2–9和图2–10所示。

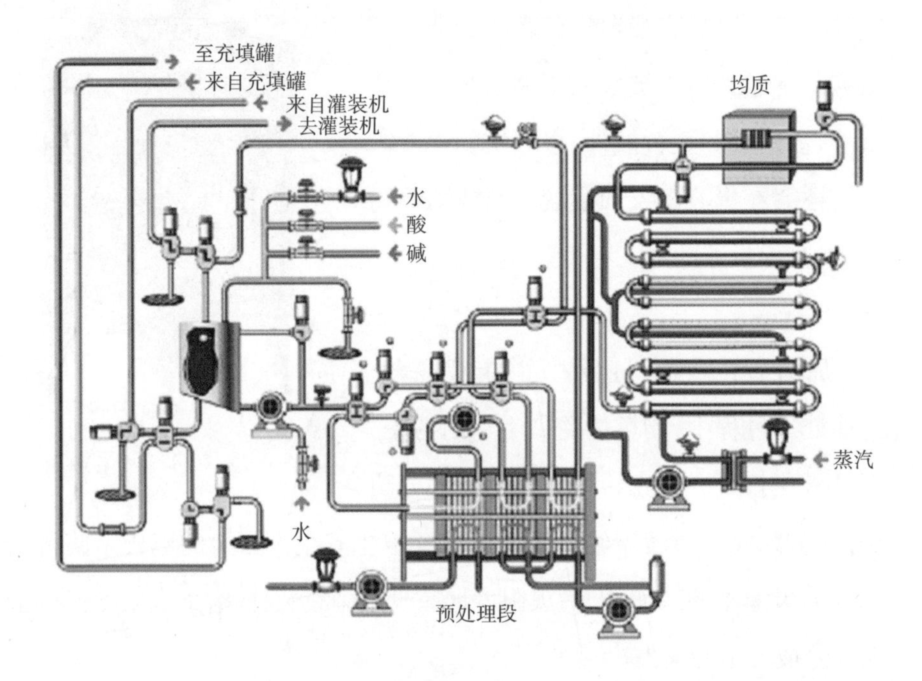

图2–9　蛋液巴氏杀菌装置

图2–10　蛋液杀菌车间

高温短时杀菌装置不论其配置的热交换器型式如何，均可以就地清洗(CIP)(图2-11)及进行其机械设备的杀菌。

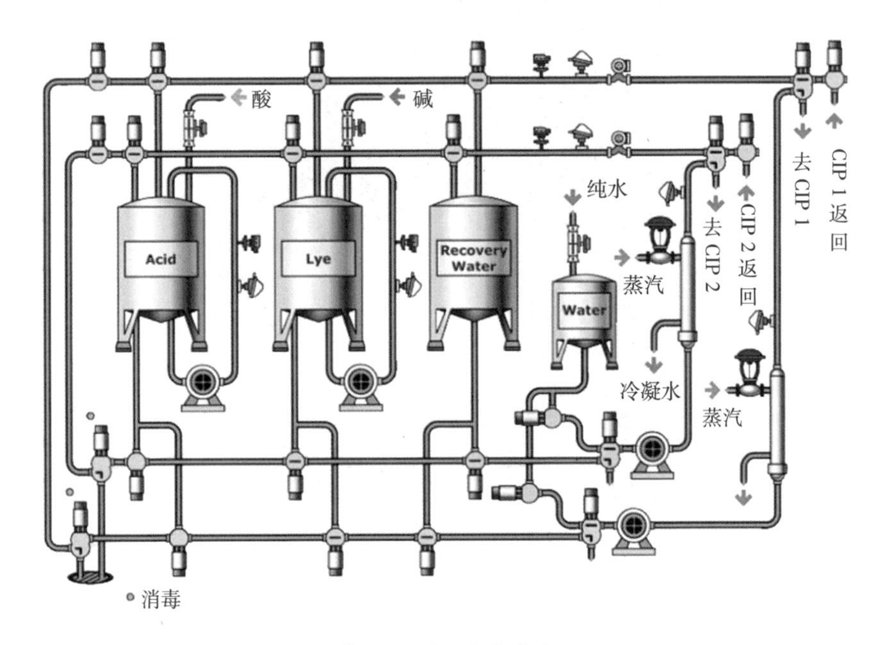

图2-11 CIP清洗系统

杀菌后的蛋液需要根据使用目的而迅速冷却，如供原工厂使用，可冷却至15 ℃左右；若以冷却蛋或冷冻蛋形式出售，则需要迅速冷却至2 ℃左右，然后再充填至适当容器。根据FAO/WHO建议，蛋液在杀菌后急速冷却至5 ℃，可贮藏24小时；若急速冷却至7 ℃，则仅能贮藏8小时。

6)装填、包装及运输

蛋液产品的装填容器和容量需根据销售途径和销售对象进行选择。为方便零用者，出现了塑料袋包装或纸盒包装，包装规格一般为每盒1千克。供商业用途的蛋液产品包装多为塑料袋，包装规格有5千克、10千克和20千克等。为避免巴氏杀菌蛋液的二次污染，蛋液产品的装填采用充填机完成(图2-12)。

图2–12　蛋液充填机

液蛋产品多采用蛋液车或大型货柜完成运输。蛋液车备有冷却或保温槽，其内可以隔成小槽以便能同时运送蛋白液、蛋黄液及全蛋液。蛋液车槽可以保持蛋液最低温度为0~2 ℃，一般运送蛋液温度应在12 ℃以下，长途运送则应在4 ℃以下。使用的蛋液冷却或保温槽每日均需清洗、杀菌一次，以防止微生物污染繁殖。

7）急冻

将不同的巴氏杀菌液蛋产品经过急冻加工制得的产品称为冰蛋产品。

液蛋产品的急冻是在急冻间完成的。急冻间内分布有均匀排列的排管，排管内部的制冷剂有液氨、工业用氟利昂等。液氨易爆炸，存在较大的安全隐患，现在冷库的制冷机组多采用工业用氟利昂，急冻间内温度可达–30 ℃。经过72小时的急冻，液蛋产品温度可降至–18 ℃左右，此时可视为达到急冻要求，将其经过外包装后转入冷藏库冷藏，库温应在–18 ℃，温度波动不能超过1 ℃。

第七节　蛋粉的加工

一　蛋粉的加工工艺流程

蛋粉的加工工艺流程图如图2–13所示。

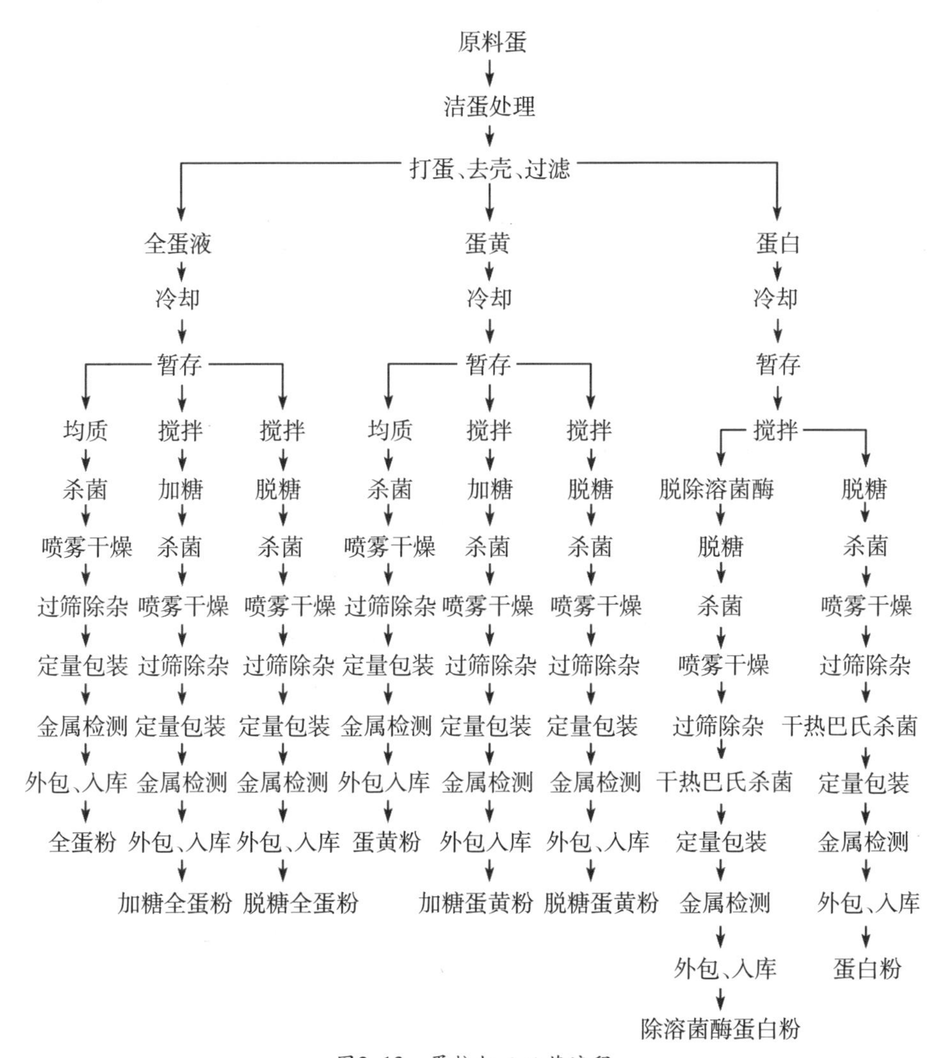

图2–13　蛋粉加工工艺流程

二 蛋粉加工的关键工艺

1.蛋粉加工前期工艺

禽蛋清洗除菌、拣蛋、打蛋分离、蛋液过滤、冷却、暂存、搅拌均同液蛋的相应处理过程。

2.脱糖工艺

蛋液根据商业需求，在蛋粉的加工过程中可进行脱糖，也可不脱糖。禽蛋中含有游离葡萄糖，如蛋黄中约有0.2%，蛋白中约有0.4%，全蛋中约有0.3%。未经脱糖的蛋粉在干燥后的贮藏期间，葡萄糖的羰基与蛋白质的氨基之间会发生美拉德反应，另外还会和蛋黄内磷脂（主要是卵磷脂）反应，使得干燥后的产品出现褐变，溶解度下降，导致变味及质量降低。脱糖方法有四种：自然发酵、细菌发酵、酵母发酵和酶法脱糖。其中，自然发酵和细菌发酵仅适用于蛋清产品的脱糖处理，酵母发酵和酶法脱糖均适用于蛋清粉、蛋黄粉和全蛋粉的脱糖工艺。

3.蛋液的杀菌

经脱糖的蛋液，需经过40目的过滤器，再移入杀菌装置中进行低温巴氏杀菌，或经过滤并干燥后再予以干热巴氏杀菌。

干热巴氏杀菌（dried-heat pasteurization）是指利用蒸汽热、电热或瓦斯热源，将干燥后的制品放置于50~70 ℃的密封室中保持一定时间的杀菌方法。由于干蛋在较高温度下加热不凝固，其中的细菌需经较高温度及较长时间方可被杀灭，故干蛋的杀菌多采用干热处理。干热巴氏杀菌在欧美被广泛使用，其实施方法是44 ℃保持3个月，55 ℃保持14天，57 ℃保持7天及63 ℃保持3天等。另外，也有将干蛋白在54 ℃保持60天的实验，其结果表明该条件对干蛋白的特性没有破坏。蛋白使用自然发酵、细菌发酵或酵母发酵脱糖时，蛋液细菌较多，因此多采用干燥后的干热处理

杀菌。干燥全蛋与蛋黄在干热处理时，其脂肪易氧化生成不良风味，而其在干燥前的液体状态杀菌也相当有效，故不实施干热杀菌。

4.蛋液的干燥

蛋液在脱糖、杀菌后即进行干燥。目前，大部分的蛋白、蛋黄及全蛋均使用喷雾干燥，少部分蛋品使用真空干燥、浅盘式干燥、滚筒干燥等。喷雾干燥法是目前制造干蛋制品的主要方法。

喷雾干燥法是在机械力（压力或离心力）的作用下，通过雾化器将蛋液喷成高度分散的无数极细的雾状微粒。空气进入喷雾干燥机先经空气过滤器除尘后，加热至121~132 ℃，然后通过送风机将其送入干燥室。加压泵使蛋液通过喷雾器喷出，形成微细雾滴。微粒直径为10~50微米，从而大大地扩大了蛋液的表面积，如微粒的直径以24微米计，其比表面积高达2 500米^2/克。当蛋液雾滴遇到热空气时，其中所含水分在瞬间被蒸发，雾滴脱水而变成微细粒子，沉积在干燥室内再通过分离器，经过筛别机筛别，冷却后再包装，而热空气则经由排风机排出。全部干燥过程仅需15~30秒即可完成。

第八节 蛋黄酱的加工

蛋黄酱，是以蛋黄及食用植物油为主要原料，添加若干种调味物质加工而成的一种乳状液。蛋黄酱属于O/W型乳化体系。但它在一定的条件下会转变为W/O型，此时，蛋黄酱的状态将被破坏，导致流变性的改变，其黏度大幅度下降，在外观上蛋黄酱由原来的黏稠均匀的体系变成稀薄的“蛋花汤”状。在蛋黄酱加工时，是否能形成稳定的O/W型乳化体系是一个重要的问题，但这一问题受多种因素的影响。

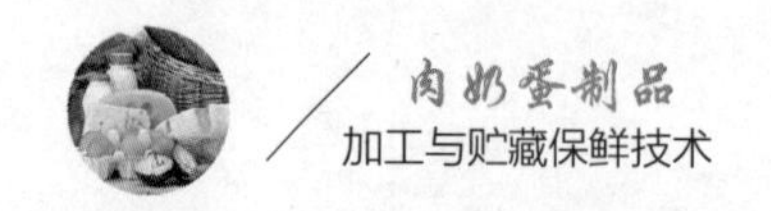

一 蛋黄酱生产配方

1.一般沙拉性调料蛋黄酱生产配方

生产配方:蛋黄10%,植物油70%,芥末1.5%,食盐2.5%,食用白醋(含醋酸6%)16%。

产品特点:淡黄色,较稀,可流动,口感细腻、滑爽,有较明显的酸味。

理化性质:水分活度0.88,pH 3.4。

2.低脂肪、高黏度蛋黄酱生产配方

生产配方:蛋黄25%,植物油55%,芥末1.0%,食盐2.0%,柠檬原汁12%,α-交联淀粉5%。

产品特点:黄色,稍黏稠,具有柠檬特有的清香,酸味柔和,口感细滑,适宜做糕点夹心等。

理化性质:水分活度0.90,pH 4.7。

3.高蛋白、高黏度蛋黄酱生产配方

生产配方:蛋黄16%,植物油56%,脱脂乳粉18%,柠檬原汁10%。

产品特点:淡黄色,质地均匀,表面光滑,酸味柔和,口感滑爽,有乳制品特有的芳香,宜做糕点等表面涂布。

理化性质:水分活度0.87,pH 5.5。

二 蛋黄酱生产工艺

下面列举两种蛋黄酱的加工工艺流程。

1.工艺流程一

食盐　糖　调味料　交替加植物油和醋
↓　↓　↓　↓
原料称量 → 消毒杀菌 → 搅拌 → 搅拌 → 搅拌 → 搅拌 → 成品。

2.工艺流程二

蛋黄→加入调味料、部分醋→搅拌均匀→缓加色拉油→加入余醋→继续搅拌→成品。

第九节　禽蛋功能性成分的提纯

一　蛋清中的溶菌酶的提纯

1.溶菌酶的提取

结晶法是提取溶菌酶的一种传统方法,又称等电点盐析法。溶菌酶是一种盐溶的碱性蛋白质，而蛋清中其他蛋白质的等电点都为酸性条件。利用这一特点,在蛋清中加入一定量的氯化物、碘化物或碳酸盐等盐类,并调节pH至9.5~10.0,降低温度,溶菌酶会以结晶形式慢慢析出,而其他大多数蛋白质仍存留于溶液中。结晶体经过滤后再溶于酸性水溶液中,许多杂质蛋白又形成沉淀析出,而溶菌酶则存留于溶液之中。过滤后再将滤液pH调节至溶菌酶的等电点,静置结晶,便得到溶菌酶晶体,可利用重结晶的方法将此结晶体反复精制,直至达到所需要的纯度为止。此方法的缺点是蛋清中含盐量高,蛋清的功能特性受到破坏,不能再利用,造成浪费。

2.溶菌酶的纯化

(1)离子交换法。离子交换法是利用离子交换剂与溶液中的离子之间发生交换反应来进行分离的,分离效果较好,广泛应用于微量组分的富集。目前,国内外已用于溶菌酶分离纯化的离子交换剂主要有724、732弱酸型阳离子交换树脂,D903、D201大孔离子交换树脂,CM-纤维素，磷酸纤维素,DEAE-纤维素,竣甲基琼脂糖,大孔隙苯乙烯强碱型阴离子交换吸附树脂,CMSephadex阳离子交换树脂,Duolite C-464树脂等。

(2)亲和色谱法。亲和色谱法是利用蛋白质和酶的生物学特异性,即蛋白质或酶与其配体之间所具有的专一性亲和力而设计的色谱技术。制备溶菌酶所用的吸附剂主要有几丁质及其衍生物(如几丁质包埋纤维素、梭甲基几丁质等)、壳聚糖等。将这些吸附剂固定在一定载体上或直接作为柱材,利用溶菌酶和底物之间的专一性结合,将溶菌酶从蛋清中分离,再进行洗脱得到溶菌酶。该法生产的溶菌酶纯度高,但是所用的亲和吸附剂的成本高。

(3)超滤法。超滤法是以压力为推动力,利用超滤膜不同孔径对液体进行分离的物理过程。蛋清溶菌酶是小分子物质,并与蛋清中其他相对分子质量高的蛋白质存在着静电作用力,以结合态存在。采用不同的前处理工艺,降低溶菌酶与其他蛋清蛋白之间的作用力,可使溶菌酶处于解离状态后,采用超滤的方法对蛋清溶菌酶进行分离提取。

单一的溶菌酶分离纯化方法一般无法满足对溶菌酶纯度和回收率的要求,因此可以将两种或者几种方法结合起来,或者建立连续式的分离体系,应用于期望获得高纯度溶菌酶的规模化生产中。

二 蛋黄免疫球蛋白的提纯

免疫球蛋白资源的开发一直备受关注,近几十年,各国学者开始研究从蛋黄中提取免疫球蛋白Y(IgY)。蛋黄作为免疫球蛋白提取材料的优点是:①鸡蛋收集方便,无须采集动物血液,也不需要宰杀动物,成本低,易规模化生产;②产生有效免疫反应所需抗原量小,尤其是高度保守的哺乳动物蛋白质对种系发生学上距离较远的禽类通常有较强的免疫原性,且安全性高。这使得鸡蛋成为提取免疫球蛋白的最佳资源,鸡蛋黄IgY的

开发已日益受到重视。

至今已建立了很多较为高效而经济的IgY分离提纯方法。这些方法包括水稀释法、脂蛋白凝聚剂法、乙醇-CO_2超临界脱脂法、重复冻融脱脂法、有机溶剂脱脂法、海藻酸钠提取法等，主要用于蛋黄免疫球蛋白的初步提取。进一步分离纯化可采用提纯蛋白质的其他方法，常见的有凝胶过滤、DEAE纤维素阴离子交换柱色谱和亲和色谱等方法。通常将其中几种方法结合使用，也有用同一种方法而使用不同分离条件进行分离。

1.水稀释法

简单的水稀释法可用于蛋黄液中亲水性部分和疏水性部分的分离。将蛋黄液稀释一定倍数，调节溶液pH，混匀静置后离心分离或长时间静置分离。该法易操作，几乎不使用化学试剂，生产成本低，适于规模化生产，但由于IgY被稀释，给后期提纯增加了一定困难。

生产工艺流程：鸡蛋→去壳→去蛋清→稀释蛋黄→离心→盐析→浓缩→干燥→粗品IgY。

2.脂蛋白凝聚剂法

脂蛋白凝聚剂包括聚乙烯乙二醇、葡聚糖硫酸钠盐、酪蛋白钠盐、聚丙烯树脂和一些食品增稠剂，如卡拉胶、黄原胶等。这类物质能有效沉集蛋黄脂质与脂蛋白，但通常需要超速离心分离。有研究表明，在聚乙烯乙二醇分步沉淀法基础上提出的冷乙醇沉淀分级分离的方法，更适合于大规模制备IgY。

3.乙醇-CO_2超临界脱脂法

先用乙醇将蛋黄粉中大部分磷脂除去，然后用超临界CO_2将中性脂肪和残留的乙醇等同时除去。该法制备的IgY活性没有损失，制得的含抗体的蛋白混合物是干燥状态的，易保存，而且可将蛋黄中与色、香、味有关的蛋黄脂类完全去除，适于批量制备IgY浓缩蛋白粉末（IgY纯度约为

10%)。

4.重复冻融脱脂法

利用蛋黄脂质在低离子强度和中性pH条件下的凝集作用，将蛋黄水溶液反复进行冷冻和解冻，以加速脂质的凝聚作用，之后进行离心分离。此法回收率不高(50%以上)，但较经济。

5.有机溶剂脱脂法

用事先预冷至-20 ℃的有机溶剂，如乙醇等，与蛋黄液混匀，反复多次浸提其中脂类物质。该法制得的IgY的纯度高，回收率高，但有机溶剂用量大，成本高，不适于规模化生产。另外，如果预冷不够，有机溶剂会使IgY部分变性。

6.海藻酸钠提取法

本法较氯仿法和聚乙烯乙二醇法试剂用量少，且试剂基本无毒性。采用低浓度海藻酸钠，将蛋黄原液中的脂类除去。除去的这些脂类由于其中不含有毒物质，还可以被用来提取卵磷脂等生化药品或试剂。

第三章　乳品加工

第一节　乳的加工特性

一　乳的种类

在市场上，我们通常所说的乳主要指的是黑白花奶牛产的乳，但也可以指来自其他类型哺乳动物的乳腺分泌物，如水牛乳、绵羊乳和山羊乳等。

二　乳的化学组成及性质

乳的成分十分复杂，含有的化学成分上百种，主要包括水、脂肪、蛋白质、乳糖、盐类以及维生素、酶类、气体等。

在乳的化学成分中，水是分散剂，其他各种成分如脂肪、蛋白质、乳糖、无机盐等作为分散质分散在水中，形成一种复杂的分散体系。牛乳中的脂肪在常温下呈液态的微小球状分散在乳中，球的直径平均为3微米左右，在显微镜下可以明显地看到球的存在，所以牛乳中的脂肪球即为乳浊液的分散质。牛乳中的酪蛋白颗粒，其粒径为5~15纳米，乳白蛋白的粒径为1.5~5纳米，乳球蛋白的粒径为2~3纳米，这些蛋白质都以乳胶体状态分散于乳中。此外，所有直径在0.1微米以下的脂肪球及一部分聚磷酸盐等也以胶体状态分散于乳中，而乳糖、钾、钠、氯、柠檬酸盐和部分磷酸盐则以分子或离子形式存在于乳中。

三 乳的新鲜度鉴定

正常鲜乳应为乳白色或微带黄色，不得含有肉眼可见的异物，不得有红、绿等异色，不能有苦、涩、咸的滋味和饲料味、青贮味、霉味等异味。

1.乳的新鲜度感官评定

正常乳应为乳白色或略带黄色，具有特殊的乳香味，稍有甜味，组织状态均匀一致，无凝结沉淀，不黏滑。

2.酒精试验检验

（1）原理：利用酒精对蛋白质的脱水作用。乳中酪蛋白的等电点是pH为4.6，鲜乳的pH为6.8，因此乳中酪蛋白胶粒带负电荷，加之酪蛋白胶粒是亲水性的，因水化作用胶粒周围形成结合水层，故酪蛋白以稳定的胶态存在于乳中。加入酒精后，由于酒精的脱水作用，酪蛋白胶粒周围的结合水层被脱掉，胶粒变成只带负电荷的不稳定状态，当乳的酸度升高或某种原因导致盐类平衡发生变化，钙离子增加时，氢离子或钙离子同带负电荷胶粒发生反应，胶粒变电中性而发生沉淀。胶粒凝固程度与乳的酸度、酒精浓度成正比。

（2）操作方法：取试管3支（编号1、2、3号），分别加入同一乳样1~2毫升，再分别在3支试管中加入等量的浓度分别为68%、70%、72%的酒精。摇匀，观察有无出现絮片，确定乳的酸度。

（3）判断标准：见表3–1。

（4）注意事项：①酒精现用现配，密封，防止挥发；②非脂乳固体较高的乳如水牛乳、牦牛乳和羊乳，酒精试验易呈阳性反应，但热稳定性不一定差，乳不一定不新鲜；③牛乳冰冻也会发生阳性反应，但这种乳热稳定

表 3－1　酒精试验判断标准

酒精浓度/%	不出现絮片乳的酸度/°T
68	<20
70	<19
72	<18

性较高,可作为乳制品原料。

3.煮沸试验检验

(1)原理:乳的酸度越高,乳中蛋白质对热的稳定性越低,越易凝固。根据乳中蛋白质在不同温度时的凝固特征,可判断乳的新鲜度。

(2)操作方法:吸取10毫升乳样置于试管中,在酒精灯上煮沸或在沸水浴中放置5分钟,观察试管壁有无絮片或凝固现象出现。

(3)判断标准:见表3–2。

表 3－2　煮沸试验判断标准

乳的酸度/°T	凝固条件	乳的酸度/°T	凝固条件
18～22	煮沸时不凝固	50	加热至 40 ℃时凝固
26～28	煮沸时凝固	60	22 ℃时自行凝固
30	加热至 77 ℃时凝固	65	16℃时自行凝固
40	加热至 63 ℃时凝固		

4.酸度测定

(1)原理:牛乳挤出后在存放的过程中,由于微生物的活动,会分解乳糖产生乳酸,从而使牛乳的酸度升高。

(2)操作方法:用吸管吸取10毫升混合均匀的乳样,放入三角烧瓶中,然后加入20毫升蒸馏水和0.5毫升酚酞指示剂,摇匀后用0.1毫摩尔/升NaOH溶液滴定至溶液呈微红色,并在1分钟内不褪色为止。

(3)注意事项:边滴定边摇动,直至滴定终点;乳与水的比例为1:2,如水偏多则酸度降低，反之，酸度偏高；滴定时温度不宜过高或过低，最好在18~22 ℃；滴定时间最好不超过30秒；滴定、稀释所使用的蒸馏水中应除去CO_2。

四 掺假乳的鉴定

1.牛乳中掺水的鉴定

正常牛乳的密度在1.028~1.032千克/升（20 ℃/4 ℃），牛乳掺水后密度下降，每加10%的水可使密度降低0.003千克/升。取牛乳200毫升，沿量桶内壁倒入量桶，把牛乳比重计放入，静置2~3分钟，读取密度值，低于1.028千克/升者为掺水乳。

2.牛乳中掺米汤的鉴定

米汤中含有淀粉，淀粉遇碘显蓝色。取被检牛乳5毫升置于试管中，稍煮沸，加入数滴碘液（用蒸馏水溶解碘化钾4克、碘2克，移入100毫升容量瓶中，加蒸馏水至刻度制成）。被检牛奶中如掺有米汤，会出现蓝色或蓝青色反应。

3.牛乳中掺豆浆的鉴定

豆浆中含有皂素，皂素可溶于热水或热酒精，并可与氢氧化钾反应生成黄色物质。取被检乳样20毫升，放入 50毫升锥形瓶中，加乙醇、乙醚（1:1）混合液3毫升，混匀后再加入25%氢氧化钾溶液5毫升，摇匀，同时做空白对照试验。试样呈微黄色，表示有豆浆掺入。本法灵敏度不高，当豆浆掺入量大于10%时才呈阳性反应。

4.牛乳中掺明胶的鉴定

待检牛乳10毫升，加等量硝酸汞溶液，静置5分钟后过滤，随后向滤液中加入等体积的饱和苦味酸溶液，如反应生成黄色沉淀，则表明牛乳中掺了明胶，否则为正常牛乳。天然乳则为黄色透明现象，呈苦味酸固有的

黄色。

5.牛乳中掺尿素(化肥)的鉴定

掺水常使牛乳密度低于正常值，目前一些不法分子常常采用既掺水又掺化肥(尿素)的双掺假办法来提高密度,以欺骗消费者。取5毫升待检牛乳置于试管中,加3~4滴二乙酰-肟溶液(600毫克二乙酰-肟及30毫克氨基硫脲,加蒸馏水100毫升溶解制成),混匀,再加入1~2毫升磷酸混匀,置水浴中煮沸,观察颜色变化。若呈现红色则说明乳中掺有尿素或被牛尿污染了。

6.牛乳中掺蔗糖的鉴定

利用蔗糖与间苯二酚的呈色反应。取被检牛乳3毫升置于试管中,加浓盐酸0.6毫升,混匀,加间苯二酚0.2克,置酒精灯上加热至沸。如溶液呈红色,则表明被检乳中掺有蔗糖。

7.牛乳中掺食盐的鉴定

在一定量牛乳样品中,硝酸银与铬酸钾发生红色反应。如牛乳中氯离子含量超过了天然乳中的氯离子含量,全部生成氯化银沉淀,呈现黄色反应。取5毫升0.01毫摩尔/升硝酸银溶液和2滴10%铬酸钾溶液于试管中混匀;加入待检乳样1毫升,充分混匀,如果牛乳呈黄色,说明乳中氯离子的含量大于0.14%(天然乳中氯离子含量为0.09%~0.12%)。

8.牛乳中掺石灰水的鉴定

正常牛乳中含钙量小于1%,如果向牛乳中加入适量硫酸盐,再加入玫瑰红酸钠及氧化钡,则溶液呈现红色。如牛乳中掺入了石灰水,则上述反应生成硫酸钙沉淀,溶液呈现白土色。取被检牛乳5毫升置于试管中,加1%硫酸钠溶液、1%玫瑰红酸钠溶液、1%氧化钡溶液各1滴，观察其颜色。天然乳为黄色,掺石灰水的乳为白土色(生成硫酸钙沉淀)。本法检出灵敏度为0.01%。

9.牛乳中掺碳酸钠的鉴定

玫瑰红酸的pH范围是6.9~8.0，遇到加强碱弱酸盐而呈碱性的乳，其颜色会由棕黄色变成玫瑰红色。取被检牛乳5毫升置于试管中，加入5毫升0.05%玫瑰红酸酒精溶液（溶解0.05克玫瑰红酸于100毫升95%酒精中制成），摇匀，观察其颜色反应。如果牛乳中有像碳酸钠这样的碱性物质存在，则呈玫瑰红色。天然乳呈淡褐黄色。

第二节　冰激凌的加工

一　概念及分类

冰激凌是以饮用水、牛奶、奶粉、奶油（或植物油脂）、食糖等为主要原料，加入适量食品添加剂，经混合、灭菌、均质、老化、凝冻、硬化等工艺制成的体积膨胀的冷冻食品。冰激凌起源于意大利，如今已经是各国喜爱的大众化食品。

根据原辅料及其形状等特点，冰激凌大体上可分为普通冰激凌、复合冰激凌、蛋奶冰激凌、布丁冰激凌、奶油冰激凌、花式冰激凌、冰糕等，见表3-3。

表3-3　冰激凌的分类

分类标准	种类
脂肪含量	高级奶油冰激凌、奶油冰激凌、普通冰激凌、果味冰激凌
原辅料组成分	果仁冰激凌、水果冰激凌、布丁冰激凌、豆乳冰激凌
形状	冰激凌砖、杯状冰激凌、锥状冰激凌、异形冰激凌、装饰冰激凌
香料的种类	香草冰激凌、巧克力冰激凌等

二 冰激凌的加工工艺

1.工艺流程

如图3-1所示。

原料→混合→均质→杀菌→冷却
↓
成熟(老化)
→灌装→冷藏(软质冰激凌)
→凝冻→成型→硬化→包装→冷藏(硬质冰激凌)
→灌装→硬化→冷藏(硬质冰激凌)

图3-1 冰激凌的加工工艺流程图

2.配方

见表3-4。

表3-4 冰激凌的成分配方

成分	质量分数/%
乳脂肪	10.0～16.0
非脂乳固体	10.0～10.8
糖类	13.5～15.5
水分	62.5～64.5
稳定剂	0.30～0.40
乳化剂	0.14～0.24
香料	0.05～0.10

三 操作要点及工艺参数

1.原料的混合(预处理)

各种原辅料必须严格按照质量要求进行检验,不合格者不得使用。按照规定的产品配方配料,配制时要求如下:

（1）原料混合的顺序宜从浓度低的液体原料开始：如从牛乳开始，其次为炼乳、稀奶油等液体原料，再次为砂糖、乳粉、乳化剂、稳定剂等固体原料，最后加水对容量进行调整。

（2）混合溶解时的温度：40~50 ℃。

（3）过滤：鲜乳要经100目筛过滤；砂糖加热溶解成糖浆，经160目筛过滤。

（4）其他处理：乳粉在配制前应先加温水溶解、过滤和均质，之后再与其他原料混合；人造黄油、硬化油等使用前应加热熔化或切成小块后加入。

2.混合物料的均质

（1）温度：均质较适宜的温度为65~70 ℃。

（2）压力：合适的压力可以使冰激凌组织细腻、形体松软润滑，一般说来选择压力为14.7~17.6兆帕。

3.杀菌

杀菌的方法及条件见表3-5。

表 3－5　杀菌方法及杀菌条件

杀菌方法	杀菌条件
低温间歇式杀菌	68 ℃，30 分钟；75 ℃，20 分钟
高温短时间杀菌	85 ℃，16 秒
超高温瞬间杀菌	127 ℃，6～7 秒

四　混合料的冷却与老化

1.冷却

均质后的混合料温度在60 ℃以上，此温度下混合料中的脂肪粒容易分离，因此需要将混合料迅速冷却至0~5 ℃后输入老化装置中进行老化。

2.老化

老化是将经均质、冷却后的混合料置于老化装置中，在2~4 ℃的低温下使混合料在物理上成熟的过程，亦称为“成熟”或“熟化”。

一般说来，老化温度控制在2~4 ℃，时间以6~12小时为佳。为提高老化效率，也可将老化分两步进行：将混合料冷却至15~18 ℃，保温2~3小时；再将其冷却到2~4 ℃，保温3~4小时。这可大大提高老化速度，缩短老化时间。

五 冰激凌的凝冻

冰激凌的组织状态是固相、气相、液相混合的复杂结构，在液相中有直径150微米左右的气泡和约50微米大小的冰晶，此外还分散有2微米以下的脂肪球、乳糖结晶、蛋白颗粒和不溶性的盐类等。

1.凝冻的目的

（1）使混合料更加均匀。

（2）冰激凌组织更加细腻。

（3）使冰激凌得到合适的膨胀率。

（4）使冰激凌稳定性提高。

（5）可加速硬化成型进程。

2.凝冻的过程

凝冻的过程分为以下三个阶段：

（1）液态阶段：由于此时料液温度尚高，未达到使空气混入的条件，故称这个阶段为液态阶段。

（2）半固态阶段：由于料液的黏度提高，空气得以大量混入，料液开始变得浓厚而体积膨胀，这个阶段为半固态阶段。

（3）固态阶段：整个料液体积不断膨胀，料液最终成为浓厚、体积膨大的固态物质，此阶段即是固态阶段。

六 成型灌装、硬化、贮藏

1.成型灌装

凝冻后的冰激凌必须立即成型灌装。冰激凌的形状有冰砖、纸杯、蛋筒等。

2.硬化

将经成型灌装机灌装和包装后的冰激凌迅速置于-25 ℃以下的温度中，经过一定时间的速冻，品温保持在-18 ℃以下，使其组织状态固定、硬度增加，这个过程称为硬化。

硬化方法：速冻库（-25~-23 ℃），10~12小时；速冻隧道（-40~-35 ℃），30~50分钟；盐水硬化设备（-27~-25 ℃），20~30分钟。

3.贮藏

冷藏库的温度为-20℃，相对湿度为85%~90%。

七 冰激凌常见缺陷及原因

1.风味

（1）香味不纯：香料添加不当。

（2）酸败味：原料不新鲜。

（3）哈喇味：脂肪酸败。

（4）焦煮味：加热温度过高。

2.组织状态

（1）粗糙有冰碴：混合料中固体物含量不足；稳定剂质量差，添加量不足等。

（2）雪片状：由冰激凌中含气泡过多、过大所造成，膨胀率过高。

(3)海绵状:稳定剂用量过多,混合料均质压力过大。

(4)砂状:由生成了粗大的乳糖结晶所造成。

(5)奶油状:在冰激凌中出现奶油粒或附聚成团的脂肪球。

3.形体

(1)脆弱的形体:冰激凌膨胀过度、气泡大、稳定剂不足等均可引起此现象。

(2)膨绒而轻飘的形体:由膨胀率过高、总固体物不足、气泡过大造成。

(3)湿润的形体:膨胀率过低,总固体物含量高。

(4)胶状形体:稳定剂过多。

第三节 消毒乳的加工

一 概念及分类

1.消毒乳的概念

消毒乳又称杀菌鲜乳,是指以新鲜牛乳为原料,经净化、杀菌、均质等处理,以液体鲜乳状态用瓶装或采用其他形式的小包装,直接供应消费者饮用的商品乳。

2.消毒乳的分类

(1)按原料成分分类:可分为普通全脂消毒乳、脱脂消毒乳、高脂消毒乳、复原消毒乳、强化消毒乳、花色牛乳、含乳饮料等。

(2)按杀菌强度分类:可分为低温长时间消毒乳(62~65 ℃,30分钟)、高温短时间杀菌乳(75~90 ℃,2~30秒)、超高温杀菌乳(120~150 ℃,0.5~8秒)。

(3)按包装分类:可分为玻璃瓶装消毒牛乳、聚乙烯塑料瓶装消毒牛乳、塑料涂层纸盒包装消毒牛乳、塑料薄膜包装消毒牛乳、多层复合纸包装灭菌牛乳等。

二 巴氏消毒乳的加工

1.工艺流程

原料乳的验收→过滤或净化→乳的标准化→预热均质→杀菌或灭菌→冷却→灌装→封口→检验、装箱→冷藏。

2.操作要点

1)原料乳的验收

验收具体内容如下:

(1)组织感官的鉴定。

(2)滴定酸度:常用酒精酸度法(小厂用)。

(3)乳密度的测定。

(4)乳脂肪含量的测定。

(5)蛋白质含量的测定。

(6)乳糖含量的测定。

(7)微生物指标的测定。

(8)牛乳中体细胞含量的测定。

(9)抗生素含量的测定。

(10)农药污染度的测定。

2)过滤或净化

目的是去除乳中的杂质,并减少微生物数量。

3)标准化

按照产品规格或生产企业产品标准的要求对乳制品的成分含量进行

调整即是标准化。标准化主要是对脂肪含量、蛋白质含量及其他一些成分含量进行调整。脂肪含量的标准化包括牛乳的脂肪含量或乳制品的脂肪含量的调整,可通过添加稀奶油或脱脂乳,使其达到要求的脂肪含量。

4)均质

均质的目的是分裂脂肪球或使脂肪球以微细状态分布于牛乳中,以免形成乳脂层。均质可以是全部的,也可以是部分的。

均质鲜乳具有下列优点:

(1)风味良好,口感细腻。

(2)在瓶内不出现脂肪上浮现象。

(3)表面张力降低,改善牛乳的消化、吸收程度,适于喂养婴幼儿。

5)杀菌

杀菌是指将乳加热到一定程度,以杀死乳中主要致病微生物的处理方法。其目的是提高乳在贮存和运输中的稳定性,避免酸败,防止微生物传播。这里需要明确以下几个概念:

灭菌:是指采用一定的杀菌方法,使乳达到商业无菌的要求。

无菌:是指经彻底杀菌处理后,乳中不存在任何形式的微生物(营养细胞、孢子、芽孢)。

商业无菌:乳制品经无菌处理后,制品和媒介物(产品的包装物)可能含有少数的微生物(营养细胞、孢子、芽孢等),但这些微生物不会引起产品的变质。

6)冷却

用片式杀菌器时,乳通过冷却区段后已冷却至4 ℃。如用保温缸或管式杀菌器,需用冷排或其他方法将乳冷却至2~4 ℃。冷却后的乳应直接分装,及时分送给消费者。如不能立即分送,应储存于5 ℃以下的冷库内。

7)灌装、冷藏

灌装的目的主要是便于分送和零售,防止外界杂质混入成品中,防止微生物再污染,保存风味和避免吸收外界气味而产生异味,防止维生素等成分的损失等。目前,乳品的包装材料主要为塑料袋和涂塑复合纸袋包装。在选择包装材料时必须考虑下列因素:

(1)成本低。

(2)有一定的强度,保证容器不易损坏。

(3)重量轻,清洁卫生。

(4)美观,便于灌装,适宜自动化生产。

第四节　灭菌乳的加工

1.灭菌乳

灭菌乳是指鲜乳在密闭系统中连续流动时,经135~150 ℃,不少于1秒的灭菌处理后,杀灭乳中所有的微生物,并且在无菌条件下包装制得的乳制品。灭菌乳由于不含微生物,无须冷藏,可以在常温下长期保存。

2.无菌包装

无菌包装是指将灭菌后的鲜乳在无菌条件下装入事先已杀菌的容器内的一种包装技术。其特点是鲜乳经过超高温灭菌,在无菌条件下包装,可在常温下储存而不会变质,色、香、味和营养素的损失少,产品质量保持一致。

二 灭菌方法

1.普通灭菌

牛乳的普通灭菌方法有3种：一段灭菌、二段灭菌和连续灭菌。

2.超高温灭菌

超高温灭菌乳是指在连续流动过程中，在130 ℃条件下杀菌1秒或者更长的时间，然后在无菌条件下包装的牛乳。系统中的所有设备和管件都是按无菌条件设计的，这就消除了重新污染细菌的危险性，因而也不需要二次灭菌。

三 加工工艺

1.原料乳的质量和预处理

加工灭菌乳的牛奶必须以合格的鲜乳为原料，即牛乳中的蛋白质能经热处理而不变性。为了适应超高温处理，牛奶必须至少在75%的酒精浓度中保持稳定。预处理后剔除由于下列原因而不适宜于超高温处理的牛奶：

(1)酸度偏高的牛奶。

(2)牛奶中盐类平衡不适当。

(3)牛奶中含有过多的乳清蛋白(白蛋白、球蛋白等)，即初乳。

2.预热和均质

牛乳从料罐泵送入超高温灭菌设备的平衡槽，由此进入到板式热交换器的预热段，与高温乳发生热交换，将其加热到约66 ℃，在15~25兆帕的压力下均质。

3.杀菌

经预热和均质的牛乳进入板式热交换器的加热段，在此条件下加热到137 ℃,所用的热水温度由蒸汽喷射予以调节。加热后,牛乳在保持管中流动4秒。

4.回流

如果牛乳在进入保温管前尚未达到设定的杀菌温度，在生产线上的传感器便把这个信号传给控制盘。然后回流阀开动,把产品回流到冷却器,在这里牛乳冷却到75 ℃,再返回平衡槽或流入单独的收集罐。一旦回流阀移动到回流位置,杀菌操作便停下来。

5.设备的预杀菌

用蒸汽在137 ℃的预杀菌。在预杀菌期间,通向无菌罐或包装线的生产线也应灭菌,然后产品可以在其中流动。关于用无菌水运转和清洗设备,包括延长运转时间的中间清洗,与直接加热方法中的情况是一致的。

6.无菌冷却

离开保温管后,牛乳进入无菌预冷却段,用水从137 ℃冷却到76 ℃。进一步冷却是在冷却段靠与乳热交换完成，牛乳最后冷却温度要达到20 ℃左右。

第五节　发酵乳制品的加工

一 概念

发酵乳是指以牛乳或含有同等无脂乳固体的其他乳(羊乳、马乳等)为原料,经乳酸菌(乳酵母)发酵而形成的具有特殊风味的糊状或液体产品。国际乳品联合会(IDF)明确规定了这类产品的质量标准,乳固体含量8%以上,乳酸菌或乳酵母活菌数在1 000万个/毫升以上,大肠菌群属

阴性。

酸奶中含有大量的乳酸菌，可以维持肠道正常菌群平衡，调节肠道有益菌群到正常水平。因此，大病初愈者多喝酸奶，对身体恢复有着其他食物不能替代的作用。乳酸菌可以产生一些增强免疫功能的物质，提高人体免疫力，预防疾病。

二 发酵乳制品的生理功能特性

（1）抑制肠道内腐败菌的生长繁殖，对便秘和细菌性腹泻具有预防治疗作用。

（2）乳酸菌产生的有机酸可促进胃肠蠕动和胃液的分泌。

（3）饮用酸奶可克服乳糖不耐症。

（4）乳酸可降低胆固醇，预防心血管疾病。

（5）发酵过程中乳酸菌产生抗诱变化合物活性物质，具有抑制肿瘤发生的作用，还可提高人体的免疫力。

（6）对预防和治疗糖尿病、肝病有效果。

三 发酵剂

1.概念

发酵剂是指生产发酵乳制品及乳酸菌制剂时所用的特定的微生物培养物。通常，乳酸菌发酵剂按制备过程分三个生产阶段，即乳酸菌纯培养物（种子发酵剂）、母发酵剂和生产发酵剂。

2.发酵剂的分类

1）按发酵剂制备过程分类

（1）乳酸菌纯培养物：即一级菌种的培养，一般多接种在脱脂乳、乳清、肉汁或其他培养基中，或者用冷冻升华法制成一种冻干菌苗。

(2)母发酵剂:即一级菌种的扩大再培养,它是生产发酵剂的基础。

(3)生产发酵剂:即母发酵剂的扩大培养,是用于实际生产的发酵剂。

2)按使用发酵剂的目的分类

(1)混合发酵剂:这一类型的发酵剂含有两种或两种以上的菌,如保加利亚乳杆菌和嗜热链球菌按1:1或1:2比例混合的酸乳发酵剂，且两种菌比例的改变越小越好。

(2)单一发酵剂:这一类型发酵剂只含有一种菌。

3.发酵剂的主要作用

(1)分解乳糖产生乳酸。

(2)产生挥发性的物质,如丁二酮、乙醛等,从而使酸乳具有典型的风味。

(3)具有一定的降解脂肪、蛋白质的作用,从而使酸乳更利于消化吸收。

(4)酸化过程抑制了致病菌的生长。

4.发酵剂的选择

发酵剂的选择对菌种的质量起着重要作用，应根据生产目的选择适当的发酵剂。选择发酵剂应从以下几方面考虑:

(1)产酸能力和后酸化作用。

(2)滋气味和芳香味的产生。

(3)黏性物质的产生。

(4)蛋白质的水解性。

5.发酵剂的制备

主要考虑包括以下几点:

(1)菌种的复活及保存。

(2)母发酵剂的调制。

(3)生产发酵剂的制备。

6.发酵剂的质量要求

(1)凝块应有适当的硬度,均匀而细滑,富有弹性,组织状态均匀一致,表面光滑,无龟裂,无皱纹,不产生气泡及乳清分离等现象。

(2)具有优良的风味,不得有腐败味、苦味、饲料味和酵母味等异味。

(3)若将凝块完全粉碎,质地均匀,细腻滑润,略带黏性,不含块状物。

(4)按规定方法接种后,在规定时间内产生凝固,无延长凝固的现象;测定活力(酸度)时符合规定指标要求。

(5)为了不影响生产,发酵剂要提前制备,可在低温条件下短时间贮藏。

第六节 酸乳的加工

一 酸乳的概念

酸乳是指在添加(或不添加)乳粉(或脱脂乳粉)的乳中,由于保加利亚杆菌和嗜热链球菌的作用进行乳酸发酵制成的凝乳状产品,成品中必须含有大量相应的活菌。

二 酸乳的分类

(1)按成品的组织状态分类:分为凝固型酸乳、搅拌型酸乳、饮料型酸乳、冷冻型酸乳等。

(2)按成品的口味分类:分为天然纯酸乳、加糖酸乳、调味酸乳、果料酸乳、复合型或营养健康型酸乳、疗效酸乳等。

(3)按发酵的加工工艺分类:分为浓缩酸乳、冷冻酸乳、充气酸乳、酸乳粉等。

(4)按菌种组成和特点分类:分为嗜热菌发酵乳、嗜温菌发酵乳。

三 我国酸乳成分标准

见表3-6。

表 3-6　酸乳成分标准

项目	纯酸乳/%	调味酸乳/%	果料酸乳/%
脂肪含量			
全脂	≥3.1	≥2.5	≥2.5
部分脱脂	1.0～2.0	0.8～1.6	0.8～1.6
脱脂	≤0.5	≤0.4	≤0.4
蛋白质含量	≥2.9	≥2.3	≥2.3
非脂乳固体	≤8.1	≤6.5	≤6.5

四 凝固型酸乳的加工

1.工艺流程

如图3-2、图3-3所示。

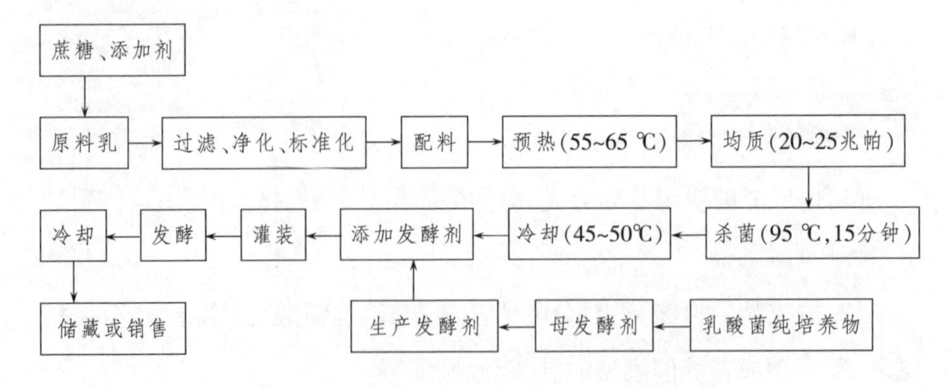

图3-2　凝固型酸乳的加工工艺流程图

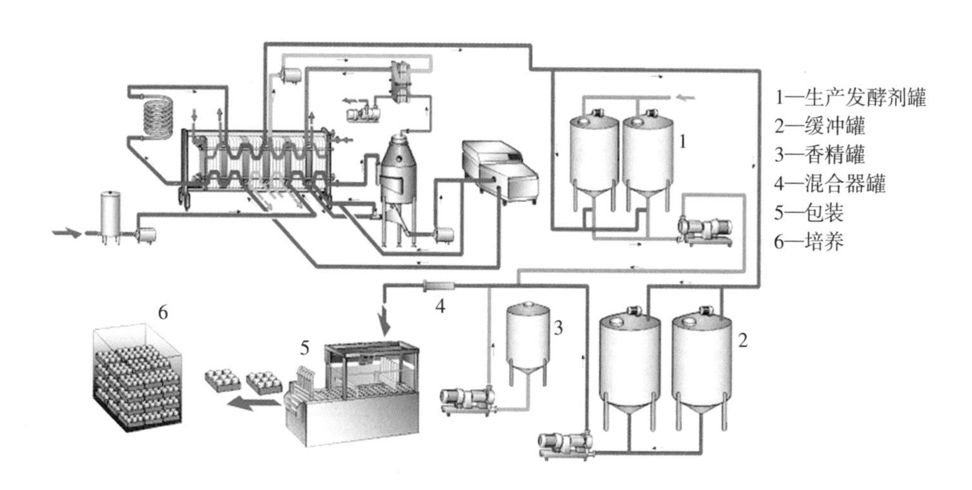

图3-3 凝固型酸乳的加工设备流程图

2.操作要点

1)原料乳

选用符合质量要求的新鲜乳、脱脂乳或再制乳，抗菌物质检查为阴性,因为乳酸菌对抗生素极为敏感。

2)配料

见表3-7。

表 3-7 凝固型酸乳的配料

原料	例一/%	例二/%	例三/%
脱脂乳	100	—	100
脱脂乳粉	2.5～3.5	—	—
2/3 无糖浓缩乳	—	100	—
加糖脱脂炼乳	—	—	10～20
蔗糖	8～11	8～11	4～6
发酵剂	2.0～2.5	2.0～2.5	2.0～2.5
稳定剂	0.1～0.5	0.1～0.5	0.1～0.5
香料	适量	适量	适量
硬化剂	适量	适量	适量

3)均质

原料配合后预热至55℃左右时,在20~25兆帕压力下均质,可以提高均质效果及酸乳的稳定性和稠度,改善酸乳的质地和口感。

4)杀菌及冷却

将均质后的物料经90~95 ℃、5分钟杀菌，以杀死病原菌及其他微生物,钝化酶的活力和抑菌物质失活,促进乳清蛋白变性,改善乳酸菌的生长环境,提高酸乳的稠度,防止成品乳清析出。

5)添加发酵剂

将活力最强的混合发酵剂充分搅拌后，按混合料的1%~5%的数量加入。发酵剂不应有大的凝块,以免影响成品质量。混合发酵剂的配比通常是:

保加利亚杆菌:嗜热链球菌=1:1;

保加利亚杆菌:乳酸链球菌=1:4。

6)灌装

经过接种并充分搅拌的牛乳要立即连续地灌装到销售用的容器中。可根据市场需要选择容器的大小和形状。灌装的容器和盖应保持无菌,灌装前需对容器进行蒸汽灭菌,以防止杂菌污染。

7)发酵

发酵时间随菌种而异。发酵终点又依据以下特征判断:滴定酸度达到80 °T以上(乳酸度达到0.7%~0.8%);pH低于4.6;凝固较好,表面稍有水痕。发酵时注意以下几点:

(1)发酵时应注意避免震动,否则会影响其组织状态。

(2)发酵温度应恒定,避免忽高忽低。

(3)掌握好发酵时间,防止酸度不够或过度以及乳清析出。

8)冷却、冷藏

发酵后的凝固型酸乳,应立即移入0~4 ℃的冷库中,迅速抑制乳酸菌的生长,降低酶活力,防止产酸过度,降低和稳定脂肪上浮和乳清析出的速度,防止酸度继续升高。

3.质量标准

1)感官指标

(1)滋味和气味:具有纯乳酸菌发酵剂制成的酸牛乳特有的滋味和气味。无酒精发酵味、霉味和其他外来的不良气味。

(2)组织状态:凝块均匀细腻,无气泡,允许有少量乳清析出。

(3)色泽:色泽均匀一致,呈乳白色或带微黄色。

2)理化指标

脂肪质量分数≥3%(扣除砂糖计算),全乳固体质量分数≥11.50%,酸度为70~110 °T,砂糖为5%,汞(以Hg计)≤0.01毫克/千克。

3)微生物指标

大肠菌群(MPN/100 mL)≤90,致病菌不得检出。

4.质量控制

(1)凝固性差。凝固性是凝固型酸乳质量的一个重要指标。其主要与以下几个因素有关:①原料乳的质量;②发酵温度和时间;③菌种;④加糖量。

(2)乳清析出:乳清析出是生产凝固型酸乳常见的质量问题之一。其主要与以下几个因素有关:①原料乳热处理不当;②发酵时间;③其他因素。

(3)风味缺陷:酸乳风味的形成主要是乳酸菌发酵过程中,乳中的碳水化合物、蛋白质、脂类等物质发生变化而产生风味物质。酸乳风味缺陷主要有以下一些情况:①无芳香味;②酸乳的异味;③酸乳的酸甜度不适宜;④原料乳的饲料臭;⑤表面有霉菌;⑥口感差。

五 搅拌型酸乳的加工

1.概念

搅拌型酸乳是指加工工艺上具有以下特点的产品，即经过处理的原料乳接种发酵剂以后，先在发酵罐中发酵至凝乳，再降温搅拌破乳,冷却、分装到销售用的小容器中,即为成品。

2.工艺流程

如图3–4、图3–5所示。

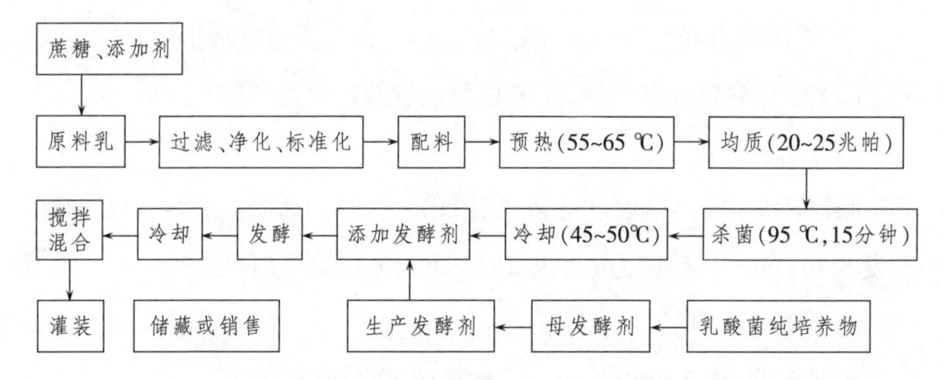

图3–4　搅拌型酸乳的加工工艺流程图

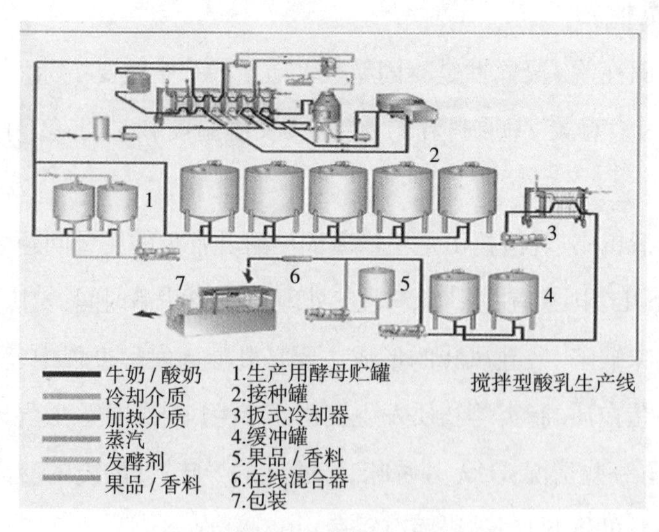

图3–5　搅拌型酸乳的设备流程图

3.操作要点

1)原料配合

除全乳鲜奶10千克、8%蔗糖、2%奶粉、3%菌种外，在搅拌型酸奶生产中，往往要使用稳定剂。一般为果胶、琼脂、CMC等，使用量为0.1%~0.5%。

2)发酵

搅拌型酸乳的发酵是在发酵罐或缸中进行的，而发酵罐是利用罐周围夹层的热媒体来维持恒定温度的，热媒体的温度可随发酵参数而变化。

3)冷却

搅拌型酸乳冷却的目的是快速抑制细菌的生长和酶的活性，以防止发酵过程产酸过度及搅拌时脱水。冷却可分为4个阶段(20~30分钟)：

(1)温度从40~45 ℃降至35~38 ℃，是为了有效而迅速地使细菌增殖递减，可适当加强冷却的强度。

(2)温度从35~38 ℃降至19~20 ℃，该阶段冷却的目的是阻止乳酸菌生长。

(3)乳酸发酵速度减慢，温度从19~20 ℃降至10~12 ℃。

(4)储藏温度下的冷却，即温度从10~12 ℃降低至5 ℃，该阶段可有效地抑制酸度的上升和酶的活性。

4)搅拌破乳

通过机械力破坏凝胶体，使凝胶体的粒子直径达到0.01~0.4毫米，并使酸乳的硬度和黏度及组织状态发生变化。通常所用的搅拌方法有凝胶体层滑法和凝胶体搅拌法。

5)混合、罐装

果蔬、果酱和各种类型的调香物质等可在酸乳自缓冲罐到包装机的输送过程中加入，这种方法可通过一台变速的计量泵连续加入到酸乳中。

6)冷却、后熟

将灌装好的酸乳置于冷库中0~7℃冷藏24小时进行后熟,进一步促进芳香物质的产生和改善酸乳的黏稠度。

4.质量控制

(1)外观变化:质量优良的搅拌型酸乳外观应呈现均匀一致,无乳清析出。生产中会出现乳清分离(上部为乳清,下部是凝胶体)或外观不均匀的现象,原因是酸凝乳搅拌速度过快,搅拌温度不适或干物质含量不足等。避免的方法主要是选择合适的搅拌设备及方法,减低搅拌温度,充分搅拌,但需注意避免过度搅拌。

(2)风味缺陷:搅拌型酸乳应具有典型香味及乳酸发酵酸味。常见缺陷有:①缺乏发酵乳的芳香味;②酸度不当;③不自然的风味。

(3)黏稠度缺陷:优质的搅拌型酸乳产品应具有一定的黏稠度,组织状态均匀。常见缺陷为:①发黏;②稀薄;③分层;④砂体。

(4)色泽异常。

第七节 奶茶的加工

一 概念

奶茶,顾名思义,就是由奶和茶调配而成的一种饮品,原为蒙古高原游牧民族的日常饮品,至今最少已有千年历史。蒙古高原是游牧民族的故乡,也是奶茶的发源地,最初最正宗的奶茶就是蒙古奶茶。

奶茶自元朝起传遍世界各地,目前在大中华地区、中亚国家、印度、阿

拉伯地区、英国、马来西亚、新加坡等地区都有不同种类奶茶流行。

二 奶茶的分类

根据风味的不同，奶茶大致可以分为草原奶茶、印度奶茶、欧陆奶茶、港式奶茶、英式奶茶等(图3-6)。

图3-6 不同风味的奶茶

三 珍珠奶茶的生产工艺

1.工艺流程

(1)珍珠的制作：珍珠粉圆煮制→闷制→凉水过凉→备用。

(2)奶茶的制作：原料处理→红茶煮制→出锅→过滤→加入奶精、白砂糖、甜炼乳、奶茶粉→加入珍珠粉圆→成品→感官鉴定。

2.配方

见表3-8。

表 3-8　奶茶的配方

成分	用量
红茶	0.8%
奶精	16 g
奶茶粉	14 g
甜炼乳	5 g
白砂糖	12 g

3.操作要点及工艺参数

1)原料的挑选和预处理

根据配料挑选出各种珍珠奶茶原料。将配料表作为根据,准确地称取各种原料,将原料中的各种杂质剔除。

2)预处理

(1)珍珠的预处理:将珍珠和水按照1:10的比例即1份珍珠粉圆、10份清水混合。首先烧水,水烧开后将珍珠粉圆放入烧开后的水中,再用沸水烧煮20分钟。然后停火,将珍珠粉圆闷20分钟。最后将闷好后的珍珠粉圆放入凉开水中冲洗、浸泡,以备使用。

(2)茶水的制备:在烧水之前,先把茶叶和清水按照1:50的比例准备好,然后开始烧水,水开后放入茶叶包,浸泡15分钟后,将茶汤倒出,以备后用。茶汤应放在保温容器中保存,若用凉的茶汤制作奶茶会影响奶茶口感。制作珍珠奶茶不能用隔夜茶,因为隔夜茶中的茶锈会阻碍营养物质的吸收和消化。红茶的制作有两种方法可以选择:①水沸后,将红茶直接放入容器中煮,煮好后,再用纱布过滤,这种方法比较烦琐,并且由于煮沸时茶叶会粘在容器壁上,从而影响浓度;②水沸后将用纱布包好的红茶放入容器中煮,煮好后直接取出红茶包即可,此方法简便快捷,而且红茶包也不易粘壁,不会影响茶的浓度。

3)原料混合

根据配料表对各种配料数量的规定，将奶精、奶茶粉、糖、茶水等配料都融合在一起。

4)保温灭菌

将融合的混合溶液烧沸，再保温15分钟，最后灭菌。

5)灌装

在灌装前，往每杯装完的奶茶中放入约50粒珍珠粉圆。在进行灌装时，物料的温度是重点，温度控制不好容易影响奶茶的口感，所以物料温度要控制在70~80 ℃，将每杯的净含量控制在250克左右。

4.珍珠奶茶的质量标准

珍珠奶茶的原料中有含奶类的原料成分，又和餐饮点心类有类似的特点，即现做现卖。所以在制定质量标准时，要将含乳饮料例如微生物指标，以及与奶茶相关的点心类产品例如珍珠粉圆固形物的含量等标准考虑进去。

1)感官指标

(1)色泽：珍珠奶茶是否合格，要看珍珠粉圆的色泽是否鲜亮一致，奶茶液体是否有该品种奶茶该有的色泽。

(2)滋味气味：珍珠奶茶做成之后嗅闻奶茶的气味是否有该品种奶茶应有的香气，然后品尝做好的奶茶口味是否正常，有无异味，珍珠粉圆是否有弹性。

(3)组织形态：珍珠粉圆的形状圆整，有弹性，在奶茶中呈现沉淀状或者悬浮状，在奶茶中可以有少量的脂肪浮在奶茶上方。

(4)杂质：奶茶中不得存在肉眼可见的杂质。

2)理化指标

见表3-9。

表 3-9　奶茶的理化指标

项目	指标
固形物含量(%)	≥10
干燥物含量(%)	≥10
铅(以 Pb 计,毫克/千克)	≤1.0
砷(以 As 计,毫克/千克)	≤0.5
铜(以 Cu 计,毫克/千克)	≤5.0
食品添加剂	符合 GB 2760 标准

3)微生物指标

见表3-10。

表 3-10　奶茶的微生物指标

项目	指标
菌落总数(个/克)	≤10 000
大肠菌群(MPN/100 克)	≤40
霉菌和酵母菌(个/克)	≤40
致病菌(指肠道致病菌和致病性球菌)	不得检出

第八节　干酪的加工

干酪是以乳、稀奶油、脱脂乳或部分脱脂乳、酪乳或这些原料的混合物为原料,经凝乳酶或其他凝乳剂凝乳,并排除部分乳清而制成的新鲜或经发酵成熟的产品。一般制成后未经发酵的称新鲜干酪,经长时间发酵成熟而制成的产品称为成熟干酪。这两种干酪统称为天然干酪。

二 干酪的分类

干酪的种类很多，据美国农业部1953年发行的《干酪种类》一书介绍，世界上干酪品种达800种以上，其中只有20多种为世界著名干酪。

干酪大体上分三大类，即天然干酪、融化干酪和干酪食品。其主要种类及规格见表3-11、表3-12。

表 3-11 干酪的分类及其规格

分类	主要规格
天然干酪	以乳、稀奶油、部分脱脂乳、酪乳或混合乳为原料，经凝固后，排除乳清而获得的新鲜的或成熟的产品，允许添加香辛料，以增加香味和滋味
融化干酪	用一种或一种以上的天然干酪，添加食品卫生标准所允许的添加剂(或不添加)，经粉碎、混合、加热熔化、乳化后而制成的产品，含乳固体物40%以上。此外还有两条规定： (1)允许添加稀奶油、奶油或乳脂以调整脂肪含量； (2)为了增加香味和滋味，添加香料、调味料及其他食品，必须控制在乳干物质的1/6以内，但不得添加脱脂奶粉、乳糖、干酪素以及不是来自乳中的脂肪、蛋白质、碳水化合物
干酪食品	用一种或一种以上的天然干酪或融化干酪，添加食品卫生标准所规定的添加剂(或不加添加剂)，经粉碎、混合、加热熔化而制成的产品。产品中干酪数量需占51%以上。此外还规定： (1)添加香料、调味料或其他食品时，需控制在产品干物质的1/6以内； (2)添加不是来自乳中的脂肪、蛋白质或碳水化合物时，不得超过产品的10%

表 3-12 主要干酪品种

种类	与成熟有关的微生物	水分含量	主要产品
软质干酪			
新鲜	不成熟	40%～60%	农家干酪、稀奶油干酪、里科塔干酪
成熟	细菌	40%～60%	林堡干酪、手工干酪
	霉菌	40%～60%	法国浓香干酪、布里干酪

续表

种类	与成熟有关的微生物	水分含量	主要产品
半硬质干酪	细菌	36%～40%	砖块干酪、修道院干酪
	霉菌	36%～40%	法国羊奶干酪、青纹干酪
硬质干酪			
实心	细菌	25%～36%	荷兰干酪、荷兰圆形干酪
有气孔	细菌(丙酸菌)	25%～36%	埃门塔尔干酪、瑞士干酪
特硬干酪	细菌	<25%	帕尔门逊干酪、罗马诺干酪
融化干酪	细菌	40%以下	融化干酪

三 干酪的营养价值

干酪中的营养成分主要是蛋白质和脂肪，此外还有钙、磷等无机成分,除能满足人体的营养需要外,还具有重要的生理作用。

干酪中的维生素主要有维生素A、维生素B_1、维生素B_2、烟酸及胡萝卜素等。干酪中的蛋白质经过成熟发酵后,由于凝乳酶和发酵剂的作用,使其形成胨、肽、氨基酸等可溶性物质,极易被人体消化吸收。

四 干酪的生产工艺

1.工艺流程

原料乳→标准化→杀菌→冷却→添加发酵剂(1%~2%)→调整酸度→加氯化钙(0.01%~0.02%)→加色素(适量)→加凝乳酶→凝块切割(70~100毫米^3)→搅拌加温 (37~40 ℃,10~15分钟)→排出乳清→压榨成型(5~6小时)→盐渍(18~23波美度,2天)→成熟→上色挂蜡(150 ℃挂蜡)→成品。

2.操作要点

1)原料乳

生产干酪的原料乳，必须经感官检查、酸度测定或酒精试验(牛乳18 °T，羊奶10~14 °T)，必要时要进行青霉素及其他抗生素试验。检查合格后，进行原料乳的预处理。

2)标准化、杀菌

目的是保证每批干酪的组成一致，成品适合销售的统一标准，质量均匀，缩小偏差。

3)添加干酪发酵剂、调整酸度

杀菌的目的是消灭原料乳中的致病菌和有害菌，破坏有害酶类，使干酪质量稳定，安全卫生，增加干酪的保存性，提高干酪产量。

(1)添加发酵剂的目的。通过添加发酵剂使乳糖发酵产生乳酸，提高凝乳酶的活性，缩短凝乳时间；促进切割后凝块中乳清的排出；促进干酪的成熟；防止杀菌的污染。

(2)添加的方法。取原料乳量的1%~2%的干酪发酵剂，边搅拌边加入乳中，并在30~32 ℃条件下充分搅拌3~5分钟。

(3)发酵剂的菌种。用于干酪发酵剂的菌种主要有乳酸链球菌、乳链球菌、干酪乳杆菌、嗜热链球菌、丁二酮链球菌、嗜酸乳杆菌、保加利亚杆菌以及柠檬串珠菌等。添加发酵剂并经30~60分钟发酵后，酸度为0.18%~0.22%。

(4)添加钙盐、色素和凝乳酶。原料乳质量差时，凝乳性能不可能令人满意，这时凝块松散，切割后碎粒很多，导致干物质损失大。在干酪的生产中，添加凝乳酶形成凝乳是一个重要的工艺环节。

(5)凝块切割。乳凝固后，当达到适当硬度时，用干酪刀纵横切成7~8毫米^{2}大小的方块。

(6)搅拌及二次加温并排除乳清。凝乳切割后(此时测定乳清酸度)，开始时缓慢搅拌，防止凝块碰碎。二次加热后，当乳清酸度达到1.2%（牛奶干酪），凝乳粒已经收缩到适当硬度时，即可将乳清排除。

（7）成型压榨。乳清排除后，将凝乳粒堆积在干酪槽的一端，用带孔木板或不锈钢板压5分钟，使其成块，并继续压出乳清。

（8）加盐。加盐的目的在于改进干酪的风味、组织状态和外观；排除乳清和水分；增加干酪硬度；限制乳酸菌的活力，调节乳酸的生成和干酪的成熟；防止和抑制杂菌的繁殖。加盐量一般在1%~3%。

（9）干酪的成熟。将生鲜干酪置于温度10~12 ℃、相对湿度85%~90%的成熟间内，经过3~6个月，在乳酸菌等有益微生物和凝乳酶的作用下使干酪发生一系列物理化学变化的过程，称为干酪的成熟。

（10）上色挂蜡及后期成熟。为了防止霉菌生长和增加美观，将成熟后的干酪清洗干净后，用食用色素染成红色（也可不染色），待色素完全干燥后，在160 ℃的石蜡中进行挂蜡（图3–7）。为了食用方便和防止形成干酪皮，现多采用塑料薄膜真空包装或热缩密封。

紫薯夹心手工奶酪

橘糖夹心手工奶酪

图3–7　不同果蔬夹心手工加工奶酪产品

为了使干酪完全成熟，并形成良好的口感、风味，通常将挂蜡后的干酪放在成熟库中继续成熟2~6个月。成品放在5 ℃及相对湿度80%~90%的条件下进行储藏。在这样的条件下，干酪可储藏1年以上。

第四章　肉奶蛋的贮藏保鲜

第一节　肉及肉制品贮藏保鲜技术

肉和肉制品营养丰富，是健康饮食的重要组成部分，但很容易因酶、微生物和其他因素而变质（图4–1、图4–2）。这种变质不仅会降低肉类的营养价值，还可能导致严重的食品安全问题，因此，必须妥善处理、储存和保存这些产品。

为了应对这些挑战，肉类行业开发了一系列加工技术，并针对不同类型的肉和肉制品规定了特定的储存和保存条件。在这方面，包装技术在确保肉类产品的安全和质量方面发挥着重要作用，因为它对延长肉制品的保质期和支持肉类工业生产至关重要。鉴于消费者对营养质量和安全标准的要求越来越高，肉类产品包装的性能必须不断提高。这对肉制品行业来说是一个巨大的挑战，因为它必须不断创新和调整，以满足消费者不断变化的期望。国内肉制品包装技术不断进步，在低温贮藏、真空包装等领域的创新成果也在不断涌现。

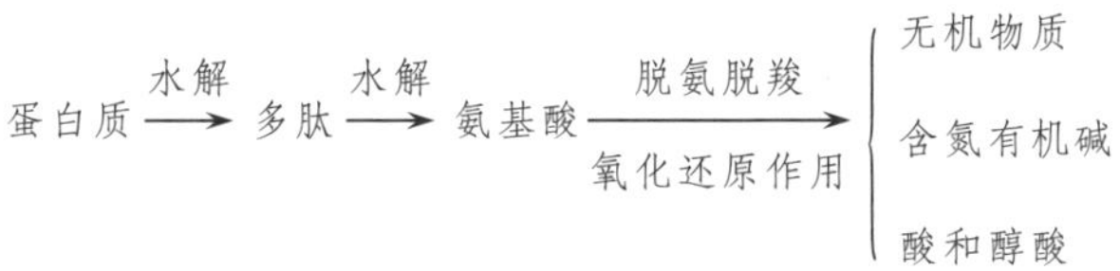

蛋白质 —水解→ 多肽 —水解→ 氨基酸 —脱氨脱羧 / 氧化还原作用→ { 无机物质；含氮有机碱；酸和醇酸 }

图 4–1　蛋白质腐败分解

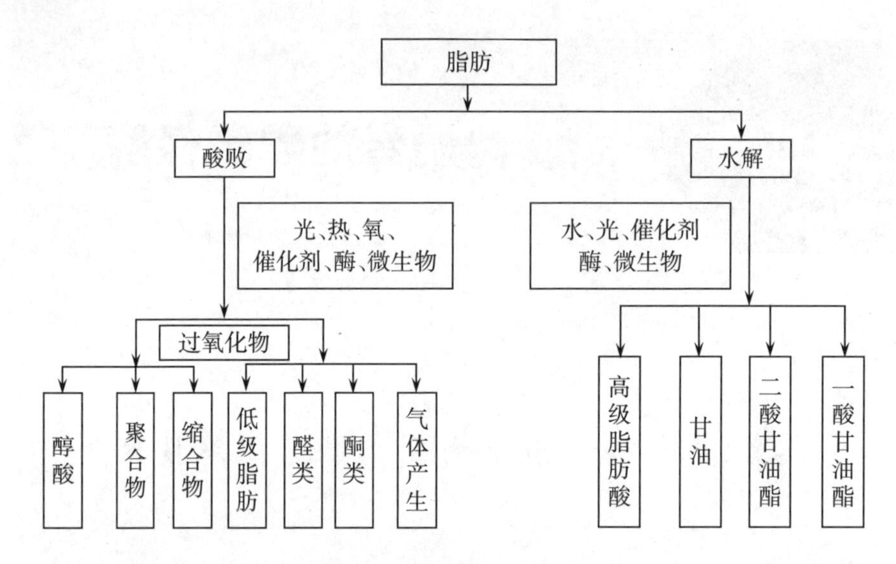

图4-2 脂肪的氧化和酸败

一 低温贮藏保鲜技术

低温贮藏保鲜技术是目前肉及肉制品在市场流通过程中最主要的保鲜技术。在低温条件下，酶的活性受到抑制，水分活度下降，微生物生长繁殖受到抑制甚至出现死亡，酶促反应和非酶促反应速率均降低，因此低温贮藏能在一定程度上保持肉及肉制品的新鲜度，延长其货架期。根据贮藏温度不同，低温贮藏保鲜可分为冷藏（0 ~ 8 ℃）、冰温（0 ℃ 至冰点）、微冻（冰点至-5 ℃）和冻藏（≤-18 ℃）。食品冻结曲线如图4-3所示。

1.冷却与冷藏

冷藏是指以冰、冷水或冷空气为介质进行冷却，将温度降低至接近冰点但又不引起冻结的一种保鲜方法。其将温度控制在0~8 ℃，通过冷却可减少微生物的活动，减弱酶的活性，延缓肉的成熟时间，减少肉内水分蒸发，从而达到肉的短期贮藏等目的。

目前，生产过程中对于肉制品常用的冷却方法是采用冷空气冷却，成本低。一般要求冷却间控制条件如下：保证进肉前冷却间温度为-4 ℃，进

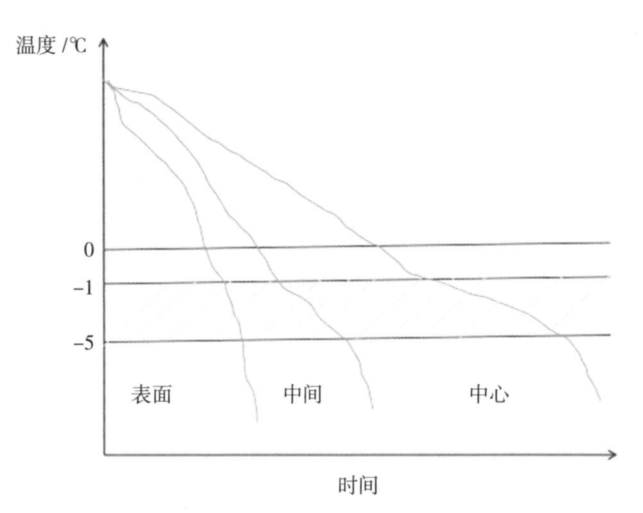

图4-3 食品冻结曲线

肉后温度控制在0 ℃(对于牛、羊肉,在肉的pH未降到6.0以下时,肉温应高于10 ℃);初期相对湿度(RH)(1/4时段)在95%以上,之后降为90%~95%,贮藏期间维持在90%为宜;另外,要求空气流速0.5~1米/秒,最高不超2米/秒。其中,相对湿度如果过大容易造成一部分微生物滋生,而过低则容易造成肉类制品干耗;同样,空气流速过高也容易造成肉的表面干耗。一般来说,当胴体最厚部位温度为0~4 ℃时,人为冷却过程就完成了(牛48小时,猪24小时,羊18小时,家禽12小时)。冷藏条件,保持温度在-1~1 ℃、相对湿度在90%、空气自然循环即可。

但是,需要注意的是,肉制品在冷藏期间也容易产生诸多不利变化,比如每天大约产生0.02%干耗,肉品容易发黏、长霉、变色和变软。

2.冷冻保藏

完成冻结后,需要对冻结肉制品进行冻藏处理。冻结肉应掌握安全贮藏方法,执行先进先出的原则,并经常对产品进行检查。冻结肉的冻藏条件和期限见表4-1。

冻藏间温度:(-21~-18)℃±1 ℃;肉中心温度:-15 ℃以下;相对湿度:

表 4-1　冻结肉类的冻藏期

肉的种类	温度/℃	相对湿度/%	贮藏期限/月
牛肉	−23～−18	90～95	9～12
小牛肉	−18	90～95	8～10
猪肉	−23～−18	90～95	7～10
猪肉	−29	90～95	12～14
猪肉片	−18	90～95	6～8
猪肉	−18	90～95	3～12
羊肉	−23～−18	90～95	8～11
兔肉	−23～−18	90～95	6～8
禽类	−18	90～95	3～8
内脏(包装)	−18	90～95	3～4

95%~98%,空气自然循环。

肉品冻藏期内会发生以下变化:

(1)体积增大约9%,因此冻库在存放过程中,数量要适宜,避免过于拥挤。

(2)对于肉品来说,其蛋白质在冻结和冻藏过程中,由于冰晶等形成,蛋白质胶体性质发生变化,蛋白质变性,对肉的食用品质等会产生影响。

(3)在冻藏过程中,由于冰晶升华作用等,肉制品干耗较冷藏过程更大,冻结中会产生0.5%~2%的干耗,这也是我们在冷藏过程中需要注意的问题。

(4)冻藏过程中的氧化还会造成肉品色泽和风味的变化。

为了减缓肉品冻藏过程中不利现象的产生,在实际生产过程中,我们可以通过实施一些措施加以控制,如适当增加码垛密度、减少冻库温度波动,或者覆盖帆布、泼冰水,对于水产制品还可以采用“镀冰衣”等方式,以减少干耗现象的发生,尽可能保证产品品质。

3.冰温保鲜技术

冰温保鲜技术是一种中间温度带的保鲜方法，即将食品置于0 ℃至冻结点温度区域，以保持其不冻结状态。相比于冷藏保鲜和冻藏保鲜，冰温保鲜技术在一定程度上解决了保鲜时间短和冻结过程中冰晶对肉品质量影响的问题。这种方法不仅避免了冻结导致的质构劣变现象，还能够保持食品的高度新鲜状态，并延长货架期。冰温保鲜技术适用于多种水产品的保鲜，例如使用冰温保鲜（-1.5 ℃冰水）相比冷藏保鲜（1.5 ℃冰水），可以有效降低产品贮藏期间的菌落总数，抑制总挥发性盐基氮和三甲胺的生成，并明显延长微生物的生长滞后期。

冰温保鲜技术的优势在于它对生物细胞起到低温胁迫作用，避免了细胞冻结并维持了细胞的存活状态。此外，低温还能抑制微生物代谢和多数酶的活性。因此，冰温保鲜技术不仅能有效保持鲜肉的品质，还能避免冷冻鲜肉解冻后的质构劣变和汁液损失，从而更好地保持生鲜产品的品质。

然而，冰温保鲜技术在推广应用时存在一定的难度。由于其温度介于冻结和非冻结的临界点之间，设备温度波动范围达不到要求时，可能会导致食品表面甚至内部产生冰晶。在温度波动情况下，表面冰晶极易出现反复冻融现象，并加剧冰晶重结晶，从而加速细胞的机械破坏、食品的汁液流失和质构下降。因此，冰温保鲜技术对设备控温的精准性要求较高，并增加了耗电等经济成本的考量。

4.微冻保鲜

微冻的概念是由Beaufort提出的。微冻实际上就是把食品储存在介于冷藏与冻结之间的一个温度范围内，使得食品内部温度低于其冰点1~2 ℃的一种方法。在该条件下，某些细菌的生长与繁殖可以得到有效控制，因此可以达到延长食品保质期的目的。在最初的表面冻结（1~3 mm厚的冰层）后，形成的冰将吸收食物内部的热量，并最终在食物储存和分配过程中导致内外温度平衡。

对于需求为较短的储存和运输时间的肉品，微冻提供了一个更好的方法，不需要肉品周围有外部冰，这种方法减少了供应链中冰的数量，使运输重量和成本最小化，同时对环境也有积极的影响。微冻贮藏技术在美国已被大量地应用于消费者的日常生活中。尽管并未标明为“微冻”，然而一般将肉制品储存于-3.3 ℃环境后进行售卖，是符合其要求的。近年来，也陆续有关于鱼肉、兔肉和猪肉等肉类的研究涌现，并且这些研究都取得了不错的效果和进展。

微冻技术有以下几种常见方式：

(1)冰盐混合微冻。该方法通过冰盐混合物的吸热效应来降低温度，可以快速吸收大量热量从而达到降温的目的。通过控制食盐的浓度来调节冻结温度，浓度越高，冻结温度越低。然而，过多的食盐会渗入食品中，导致食品过咸，影响原有风味。为了获得最佳的微冻效果，需要确保冰盐混合均匀，并在贮藏和运输过程中适时补充冰和盐以维持稳定温度。冰盐混合微冻法能有效保持肉品的新鲜度和长久保存期，但可能带有轻微咸味，同时需要较多的冰盐，比较适用于水产品的加工保鲜。

(2)冷风微冻。这种方法是将制冷机冷却后的冷风吹向食品，使食品表面温度达到所需温度后，再将其转移到恒温库中进行保存。冷风微冻法能够较好地保持食品的新鲜度、色泽和外观。

(3)低温盐水浸渍微冻。低温盐水微冻系统由盐水微冻舱、保温舱和制冷系统组成。由于盐水的传热系数比空气高30倍，盐水微冻的冷却速度比空气快。具体工艺要求是先配制质量浓度约为10%的食盐水，使用制冷机将盐水温度降至-5 ℃，然后将产品浸泡在盐水中冷却至表面温度达到-5 ℃，最后转移到-3 ℃的环境中进行保藏。低温盐水浸渍微冻法也能够有效保持食品的新鲜度并提供较长的保鲜期，但会导致商品色泽较暗，带有咸味，并且外观较差，一般适用于加工原料的保鲜。

二 气调包装保鲜技术

气调包装保鲜技术是指在一定温度条件下，将一定比例的混合气体充入具有一定阻隔性和密封性的包装材料中，改变肉品所处的气体环境，利用气体间的不同作用来抑制引起肉品变质的生理生化过程，从而达到延长肉品保鲜期或货架期的技术。

气调包装可以隔离外界微生物，防止二次污染，也可以抑制肉类产品中细菌、真菌和霉菌的生长繁殖，降低酶促反应速率，减缓脂质氧化和产品颜色的不良变化。同时，采用气调包装还可以减少防腐剂的使用，从而使肉及肉制品新鲜度和色泽更好，安全性和营养价值更高。目前，气调包装已成为一种受到发达国家消费者青睐的包装方式。

在肉及肉制品的气调包装中，常用的气体有二氧化碳（CO_2）、氧气（O_2）和氮气（N_2），通常采用两种或三种气体按不同比例混合充填。CO_2可以抑制大多数需氧菌和霉菌的生长繁殖，延长细菌的生长迟缓期，降低对数期生长速率。然而，由于CO_2易溶解于肉类产品中，过高的CO_2含量可能导致包装塌陷，影响美观，因此肉类产品的气调包装中不宜使用过高比例的CO_2。O_2能附着在肉中的水溶性肌红蛋白上，形成复杂的氧合肌红蛋白，使肉制品呈现鲜红色，起到保持颜色的作用。同时，O_2还能抑制厌氧微生物的生长繁殖，有利于好氧型假单胞菌和葡萄球菌的生长。然而，O_2也会促进好氧菌群的生长，引起维生素、脂类等营养物质的氧化，导致异味形成、肉质变得更韧，同时降低营养价值。N_2是一种惰性气体，不与肉类产品发生化学反应，用N_2置换产品周围的O_2，可以防止肉类氧化和酸败，抑制好氧微生物的生长和霉菌的繁殖。此外，N_2的渗透率较低，可在塑料包装中作为混合气体起到缓冲或平衡的作用，还能有效防止CO_2溶解导致的包装塌陷。

高阻隔性的聚丙烯(PP)、胶黏剂(TIE)、聚酰胺(PA)、乙烯醇共聚物(EVOH)、聚丙烯(PP)等复合薄膜,可以更好地抑制微生物的生长繁殖,减少对蛋白质的分解,延缓脂质氧化,有利于保持肉制品的品质。

应用气调包装保鲜技术时要注意:①包装前在良好卫生条件下冷却处理;②选用阻隔性良好的包装材料,如以聚对苯二甲酸类(PET)、聚丙烯(PP)、聚酰胺(PA)、聚偏二氯乙烯(PVDC)等作为基材的复合薄膜等;③确保充气和封口质量;④控制贮藏温度。

三 生物保鲜技术

生物保鲜技术是指利用具有抗菌或抗氧化作用的绿色提取物或微生物菌群及其代谢物来提高食品安全性和延长食品货架期的技术。根据保鲜剂的来源,生物保鲜技术可以分为植物源、动物源和微生物源保鲜技术。这些技术具有来源广泛、安全性高和广谱抑菌等优势,因此成为保鲜研究的热点。此外,生物保鲜技术还可以根据保鲜物质的使用情况分为单一生物保鲜技术、复合生物保鲜技术和与其他方法相结合的保鲜技术。

(1)植物源生物保鲜技术:利用从植物组织中提取的天然物质,如植物精油、含酚类物质和植物多糖等,来控制食品的腐败和变质过程。这些物质可以抑制酶活性和氧化反应,从而延缓食品的腐败和氧化过程。植物源生物保鲜剂具有来源广泛、成本相对较低以及对环境的污染性较低等优点。

(2)动物源生物保鲜技术:利用动物产生的具有抗菌、杀菌作用的分泌物或代谢产物来保鲜食品。例如,一些动物产生的代谢物具有良好的成膜性,可以形成包裹在肉制品表面的膜,起到阻挡外源微生物污染的作用。抗菌肽、蛋清溶菌酶和蜂胶等都是良好的动物源抗菌材料。

(3)微生物源生物保鲜技术:利用从微生物菌群中提取的代谢产物来保鲜食品。例如,从乳酸菌中提取的抗生素和Nisin等微生物源材料具有良好的抗菌效果,可以抑制肉品中的微生物生长,延长肉品的保鲜期。

此外,活性包装技术也是生物保鲜技术的一种重要应用。活性包装利用添加了抗氧化剂、抗菌剂、除氧剂等活性物质的包装材料,可以延缓肉品的氧化和微生物污染过程,提高肉品的安全性和货架期。同时,新鲜程度指示器、抗菌包装和温度-时间指示器等装置也可以用于监测肉品的新鲜程度和安全性。活性包装具有较好的应用前景,例如,抗氧化剂、除氧类包装材料、防腐剂、C_2H_4吸收剂、吸湿剂等新式材料均可以实现良好的防腐效果;新鲜程度指示器、抗菌包装、温度-时间指示器等装置均可以提升食品的安全性和增加货架存储时间;壳聚糖、淀粉、纤维素等天然物质来源丰富、安全无毒、可降解等,作为包装材料基材有很大优势。活性物质可作为活性包装中的抗氧化剂、抗菌剂,是构建活性包装不可或缺的一部分。生物基材料在添加不同活性物质后可用于肉品保鲜贮藏,能有效延长其保质期、提高品质。目前,对活性包装材料的研究已经取得一定进展,但还有一些问题亟待解决,如生物基活性包装材料机械性能差、抗菌剂的添加会降低膜的阻隔性能等。

四 辐射保鲜技术

辐射保鲜技术是指利用原子能射线的辐射能量对食品进行杀菌处理以保存食品的一种物理方法,是一种安全卫生、经济有效的食品保存技术。这些高能带电或不带电射线(α、β、γ射线)能引起食品中微生物、昆虫发生一系列生物物理和生物化学反应,使它们的新陈代谢、生长发育受到抑制或破坏,甚至使细胞组织死亡,从而达到长期保存肉品的目的。

常用的辐射源主要包括放射性同位素源^{60}Co、^{137}Cs。辐射剂量的单位有多种，生产中常用拉德（rad）或戈瑞（Gy）表示。根据处理剂量高低，可分为：高剂量，1 000~5 000 千拉德，可达到无菌状态，称辐射阿氏杀菌；中等剂量，100~1 000千拉德，能杀灭无芽孢的病原微生物，称辐射巴氏杀菌；低剂量，100千拉德以下，能杀死部分腐败微生物，延长食品保藏期，称辐射耐贮杀菌。辐照处理对肉品会产生色泽变红、辐照味（类似蘑菇味）、嫩化的影响。

五 肉制品贮藏保鲜管理控制体系

肉制品的贮藏保鲜除了技术的更新发展外，管理控制体系也是保持产品新鲜度、维护产品品质的重要措施。

1.HACCP管理系统

HACCP即危害分析与关键控制点体系，是保证食品安全和产品质量的一种预防控制体系，对食品从原料到成品整个生产过程实施有效质量安全控制的管理系统。利用HACCP管理体系能够有效预防肉制品贮藏保鲜阶段的关键危害，并进行高效监控，及时纠偏，确保产品安全。其在肉制品贮藏保鲜领域应用广泛。

HACCP体系构成主要包括7项原理：进行危害分析、确定关键控制点、建立关键限值、关键控制点的监控、纠正措施、建立记录保存程序和建立验证程序。

具体实施步骤如下：

（1）组建HACCP小组。小组成员可以是一线操作工人、技术人员、管理人员，也可以聘请其他有经验的专家，共同组成HACCP小组。

（2）产品描述。详细描述产品外观、包装方式、成分组成等。

（3）识别和拟定用途。明确该产品的用途、产品类型。

（4）制作流程图。明确贮藏保鲜具体方式、工艺流程，尽量详细，不要

有遗漏。

(5)现场确认流程图。制定好流程图后,需现场核对,防止存在出入。

(6)危害分析(原理1)。首先,找出该肉制品贮藏保鲜过程中可能出现的危害,包括生物危害、物理危害、化学危害等;其次,对这些危害进行评估,找出最主要的危害。

(7)确定关键控制点(原理2)。这一步骤是最关键的环节,一般可以通过CCP判断树(关键控制点)(图4-4)进行判断,确定关键控制点。

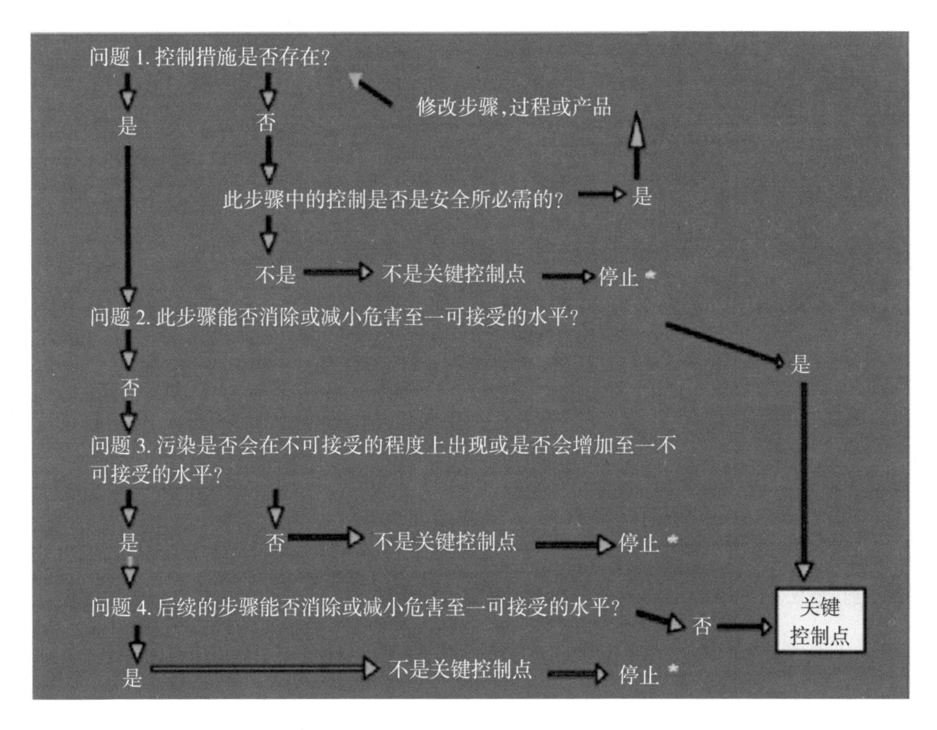

图4-4 CCP判断树

(8)建立关键限值(原理3)。CCP确定之后,通过明确有效参数的限值,对关键控制点进行控制。注意该关键限值只能是一个具体数值,不能是范围值。确定后,要明确标识出该CCP,便于后期监控。

(9)建立监控体系(原理4)。

(10)建立纠正措施(原理5)。

(11)建立验证程序(原理6)。

(12)建立文件和保持记录(原理7)。

此外,在肉类产业中,还可多使用PACCP体系即肉类食用品质保证关键控制体系来进行质量防控,指找出影响肉类食用品质的关键因素,并对这些因素加以跟踪和监控,以控制最终产品食用品质的综合技术体系。

2.栅栏技术

栅栏技术是一种综合性的食品安全控制措施,其利用多种因素之间的相互作用来阻止微生物繁殖,以实现食品安全性的控制。这些可阻止食品内微生物生长的因素被称为栅栏因子,而栅栏效应则是因子之间相乘效应的利用。栅栏因子包括栅栏内因子和栅栏外因子。

栅栏技术的原理是通过协调多种卫生质量安全控制技术的配合使用来实现食品的保存。栅栏技术可以确保食品在保存期间的稳定性、安全性、风味和营养价值。食品保存的关键是抑制有害微生物的生长,减少其存活时间。目前,栅栏技术在肉制品保存中得到广泛应用。例如,在新产品开发中,将栅栏技术与微生物预测技术、HACCP相结合,可以设计、升级、创新或生产出安全卫生、营养均衡、耐储存的食品。

在肉类食品的实际生产加工中,通常会运用不同的栅栏因子,如温度、pH、水分活度、防腐剂等,并将它们科学有效地组合起来,以发挥它们的协同作用,提高对肉中微生物的抑杀效果,同时降低某些栅栏因子对肉品感官或质量的影响,从而确保食品的卫生和安全性。

第二节 蛋、乳品包装与贮藏技术

我国是全球最大的鲜蛋生产国，产量约占全球的四成。凭借这一优势,我国人均鲜蛋消费水平已达到发达国家的水平,因此蛋制品加工行业在我国具有广阔的前景和巨大的市场空间。蛋类是人们日常生活中最重要的食品之一,具有很高的营养价值。市售鲜蛋绝大部分是鲜鸡蛋,其次是鸭蛋、鹅蛋、鹌鹑蛋和鸽蛋等。鲜蛋经过加工可制成松花蛋、咸蛋、糟蛋等再制蛋和各种熟制蛋,也可以加工成冰蛋、蛋粉、蛋白片等制品。鲜蛋及其制品种类繁多,营养丰富,易消化且用途广泛,已成为全球公认的必备优质食品。

一 鲜蛋的包装与贮藏

鲜蛋包装的关键是防止微生物的侵染和防震缓冲以防破损。蛋壳上的毛细孔实际上是蛋内胚胎的氧气管,但在鲜蛋的贮存中,毛细孔是多余的东西,因为毛细孔的存在为微生物的侵入提供了通道,又为其繁殖供应氧气。因此,在常温下保存鲜蛋,必须将其毛细孔堵塞。常用的办法是涂膜,涂膜所使用的涂料主要有水玻璃、石蜡、火棉胶、白油以及其他一些水溶胶物质。据报道,使用PVDC乳液浸涂鲜蛋,在常温下可保存4个月不变质,保鲜效果很好,且价格低廉。

鲜蛋运输包装采用瓦楞纸箱、塑料盘箱和蛋托等。为解决贮运中的破损问题,包装中常用纸浆模塑蛋托、泡沫塑料蛋托、聚乙烯蛋托及塑料蛋盘箱。塑料蛋盘箱有单面的(冷库贮存用)、多面的(适用于收购点和零售点)以及可折叠多层蛋盘箱(运输用)。鲜蛋的包装也可采用收缩包装,每一蛋托装4~12个，收缩包装后直接销售。

1.鲜蛋保鲜与贮藏

鲜蛋具有丰富的功能特性和生物活性，其中包括抗炎、抗氧化、心血管保护和改善记忆力等作用。蛋中的肽、氨基酸等成分可以调节细胞功能和生理平衡。作为人类饮食中重要的组成部分，蛋制品是优质蛋白质、维生素、矿物质和脂肪的出色来源。

鲜蛋是活生物，在储存、运输等过程中会发生一系列生理生化变化。温度、湿度和污染等因素会影响鲜蛋的质量，为了获得较好的保存效果，需要注意以下几个特性，并采取相应的措施：

(1)孵育性。鲜蛋最适宜存放在-1~0 ℃的温度下，低温有利于抑制蛋内微生物和酶的活动，减缓蛋的呼吸作用，减少水分蒸发，有利于保持蛋的营养价值和新鲜度。

(2)易潮性。潮湿是加速鲜蛋变质的重要因素，雨淋、水洗和受潮会破坏蛋壳表面的胶质薄膜，导致气孔暴露，细菌容易进入蛋内繁殖，加速蛋的腐败。

(3)冻裂性。鲜蛋对高温和0 ℃以下的低温都敏感。当温度低于-2 ℃时，蛋壳容易冻裂，导致蛋液渗出；当温度低至-7 ℃时，蛋液开始冻结。因此，在气温较低时，必须采取保暖和防冻措施。

(4)易腐性。鲜蛋富含营养成分，是细菌的天然培养基。当鲜蛋受到禽粪、血污、蛋液或其他有机物污染时，细菌首先在蛋壳表面生长繁殖，并逐渐通过气孔进入蛋内，细菌在蛋内会迅速繁殖，加速蛋的变质甚至腐败。

(5)易碎性。挤压和碰撞会导致蛋壳破碎，造成裂纹或蛋黄流失，影响蛋的质量。鲜蛋必须存放在干燥、清洁、无异味、温度适宜、湿度适中、通风良好的场所，同时轻拿轻放，避免碰撞，以防破损。

2.蛋类储藏技术工艺

蛋属于生鲜食品，产量有季节差异，容易腐败。因此，需要采取适当的保鲜措施。

1)洗蛋与消毒

新鲜蛋通常附着有粪便、泥土、羽毛等，清洗和消毒可以防止腐败，并延长保鲜期。首先用清水冲洗禽蛋1~2次，然后将其浸泡在0.1%新洁尔灭等消毒液中5~6分钟，最后用凉开水或自来水冲洗并晾干。保鲜的禽蛋应该是新鲜的，没有破损或霉变。

2)简易贮藏

(1)草木灰贮藏：使用干净的木桶或容器，先在底部铺一层厚2~3厘米的鲜草木灰，然后放一层蛋，依此类推，最上层再铺一层3~4厘米的灰并压实，最后盖上容器。如果没有草木灰，可以用干净的细沙代替，效果相同。贮藏期间，一般每15~20天检查一次，可以保鲜5~6个月。

(2)干粮贮藏：适用于小批量贮藏。将鲜蛋放在晒干的稻谷、豆类等粮食中，一层蛋一层粮食，最上层粮食厚度不低于4厘米。贮藏期间，一般每15~20天检查一次，同时将贮蛋的粮食暴晒5~6小时，待粮食晾凉后再贮放鲜蛋。这种方法可保鲜3~4个月。

(3)生石灰贮藏：准备0.5千克生石灰和100克明矾，加入2.5升冷开水或纯净水中溶解并冷却，然后倒入容器中，将蛋轻轻放入溶液中，使水淹没蛋的4~5厘米，并盖好放在阴凉通风处，温度控制在25 ℃以下。这种方法可保鲜7~8个月。

(4)明矾贮藏：准备500克明矾，加入60~70 ℃的温水中溶解，待完全冷却后倒入贮蛋容器中，将蛋放入溶液中，使蛋完全浸没，盖好放在阴凉通风处。夏季可保鲜2~3个月，冬季可保鲜4~5个月。

(5)淡盐水贮藏：适用于小批量和短期贮藏。准备5升清水和350克食盐,将食盐慢慢加入烧开的水中并搅拌均匀,然后放凉备用。将适量的鲜蛋放入容器中,用竹编盖住蛋,倒入足够覆盖蛋面的盐水,最后高出蛋面4~5厘米。这种方法可贮藏50~60天,食用时味道与鲜蛋相同。

3)冷库贮藏

冷藏法利用低温抑制细菌生长和蛋内酶活动,保持蛋的新鲜。蛋的冷藏不同于其他食品温度越低越好,温度过低可能会导致蛋壳冻裂。最适宜的冷藏温度为-1 ℃左右,不低于-2.5 ℃,相对湿度应保持在80%~85%,冷藏时间为6~8个月。具体操作步骤如下:

(1)冷库消毒。可以采用乳酸熏蒸消毒,以消灭残存细菌和害虫,垫木和码架需经过火碱水浸泡消毒后使用。

(2)严格选蛋。入库前应通过感观检查或灯光透视法仔细选择蛋,破壳、变质、严重污壳等应予剔除。

(3)合理包装。鲜蛋在冷藏前,可适当进行合理的包装或涂膜。

(4)预冷。预冷步骤是在选好的鲜蛋之后进行的。预冷库温度控制在-2~0 ℃,相对湿度75%~85%,预冷时间约为24小时,待蛋温降至2~3 ℃时,即可转入冷藏库。

(5)入冷库及冷库管理。冷库温度应保持恒定,避免忽高忽低。定期进行质量检查,一般每半月检查一次,如发现问题要及时处理。在冷库中不要存放带有异味的物品。存放鲜蛋时,不要随意移动。此外,冷藏蛋出库要事先经过升温,待蛋温升至比外界温度低3~5 ℃时才可出库,可防止蛋壳面形成水珠并避免水分渗入蛋内,影响蛋的品质。

二 蛋制品的保鲜

1.涂膜保鲜

传统蛋制品,如松花皮蛋,营养价值高,色香味俱佳,深受广大消费者的欢迎。但是随着人们生活水平的提高,对食品卫生等方面的要求也逐渐提高。传统皮蛋保质所采用的“包泥滚糠”的方法由于存在食前处理麻烦、不卫生、传播疾病、包装及运输费用高等弊病,已经不适应当前国内外市场消费的需要。

涂膜保鲜技术由于涂料制备简单、成本低廉、方便卫生、保质效果好,是目前公认的能取代“包泥滚糠”的最优选择。自20世纪后期开始,不少学者对其展开了大量的研究。最初采用简单的固蜡包装、液状石蜡涂膜等方法进行去泥去糠后的保质。随后,涂膜材料得到了极大的扩展,有多糖膜、蛋白膜、脂质膜和复合膜等。此外,不少学者还对如何提高成膜性能方面展开了大量的研究,有物理方法如超声波处理、加热处理、高压处理和微波处理等,也有化学方法如加入增塑剂和交联剂等。

2.真空包装

真空包装也称减压包装,是指将包装容器内的空气全部抽出并对产品密封,维持包装容器内处于高度减压状态,空气稀少相当于低氧效果,使微生物没有生存条件,从而达到食品新鲜、无病腐发生的目的的包装方法。传统方法腌制成熟的咸蛋,再经真空包装和高温杀菌,不仅提高了咸蛋的贮存性,方便了贮运和食用,而且提高了产品质量和产品的安全性。

三 乳制品保鲜储藏技术要点

鲜奶是一种优质培养基,适合微生物生长。它含水量高,pH接近中性,并含有丰富的脂肪、蛋白质和乳糖等营养成分。每年的4至6月份生产的鲜奶脂肪含量较低,而11月份至次年1月份生产的鲜奶脂肪含量最高。相反地,4至6月份生产的鲜奶中非脂肪固体成分含量较高,而11月份至次年1月份生产的鲜奶中非脂肪固体成分含量较低。奶中的脂肪成分相对于蛋白质和碳水化合物等成分更难以破坏。然而，脂肪本身容易受到氧化等作用而变质。

鲜奶的变质主要是由细菌增殖引起的，也可能是由于蛋白质分解或脂肪氧化而发生的。因此，控制鲜奶质量的关键在于及时冷却和灭菌，加强容器的消毒并防止二次污染。

奶类食品富含营养且易于消化吸收。其中，牛奶是被国际公认的营养最全面的食品。奶类制品包括鲜奶、奶粉、炼乳、酸奶、冰激凌、奶油、奶酪等。

1.鲜奶食品的包装

鲜奶可加工成不同种类的产品，有不同的包装要求。最简单的是巴氏灭菌乳，灌装在不同的容器中，保质期2天到几天不等；超高温（UHT）杀菌奶加工较复杂，包装也更严格，保质期可达8个月以上。

1)巴氏杀菌奶的包装

（1）玻璃瓶。玻璃瓶是鲜奶常见的包装容器，呈透明状态，可反复使用，回收的玻璃瓶采用“浸泡式”或“冲喷式”洗瓶机清洗。较先进的洗瓶机包含灭菌消毒处理。巴氏杀菌鲜乳在自动灌装机上充填灌装后，即用铝箔封瓶，防止二次污染，也可用蜡纸或浸蜡纸板封盖，但效果不如铝箔。

（2）复合纸盒。国外目前采用复合纸盒包装鲜乳已比较盛行。这类包装都是在成型–充填–封包包装机上进行的，设备比较昂贵。实际生产和市场实践表明，这类包装不论从产品质量和方便功能，还是从流通销售方面都是可行的，未上色的纸板容器能透过1.5%的波长550纳米以下的光，能完全阻挡波长430纳米以下的光，只是这种包装成本高于玻璃包装。

（3）其他材料包装物。为降低包装成本，对于短期流通消费的鲜乳，也采用塑料袋包装。如聚乙烯膜添加二氧化钛白色颜料，铝箔与塑料薄膜复合制成“自立袋”。

无色聚乙烯瓶在波长350~800纳米光波范围的光照射下，可透过58%~79%的入射光，用钛氧化物上色后，不能透过波长390纳米以下的光，能有效阻隔紫外光的影响。

2)超高温灭菌奶的包装

鲜乳经超高温灭菌，随即进行无菌包装，采用由多层材料制成的复合纸盒，在常温下可以贮存半年到一年，并且可有效地保存鲜乳中的风味成分。

2.粉状奶制品的包装

奶粉制品保存的要点是防止受潮、氧化，阻止细菌的繁殖，避免紫外光的照射。奶粉类的包装一般都采用真空充氮包装。常用的材料有K涂硬纸/Al/PE、BOPP/M/PE、纸/PVDC/PE等复合材料，用单层聚乙烯薄膜袋盛装。虽然也有一定防潮作用，但是隔热性能很差，奶粉容易变质，只能满足短期贮存的需要。此外，奶粉的包装还常使用金属罐充氮包装。

3.奶酪的包装

无论是新鲜奶酪还是加工后的干酪，都要密闭包装。奶酪包装主要是防止发霉和酸败，其次是保持水分以维持其柔韧组织，且免于失重。干酪在熔融状态下进行包装，抽真空并充氮气，这样保存时间较长。但要求包装材料能够耐高温，以免在熔融乳酪注入时发生变形。聚丙烯的耐温性好，在120 ℃以上还能保持强度。用聚丙烯片材压制成型的硬盒，适用于干酪的熔融灌装。

新鲜奶酪和干酪的软包装要用复合材料，常用的有PT/PVDE/PE、PET/PE、BOPP/PVDE/PE、Ny/PVDE/PE以及复合铝箔和涂塑纸制品，多采用真空包装。

用单层薄膜包装的奶酪只能短时间存放，但其价格便宜，常用的有PE、PVC、PVDC、EVA、Ny，多采用热收缩包装。

4.奶油和人造奶油包装

奶油和人造奶油具有高脂肪含量，容易发生氧化变质，并且容易吸收周围环境中的异味。因此，包装材料对其有以下要求：具有良好的阻气性，不透氧、不透气和不串味，同时具备耐油性能。

奶油和人造奶油通常采用玻璃瓶和聚苯乙烯容器进行包装，并使用Al/PE复合材料进行封口。常见的包装材料还包括羊皮纸、防油纸、铝箔/硫酸纸或铝箔/防油纸复合材料来进行包裹。

盒装的奶油和人造奶油通常使用涂塑纸板或铝箔复合材料制成的小盒包装。近年来，流行使用各种塑料盒，如PVC、PS、ABS等片材经过热成型工艺制造的。还有一些采用共挤塑料盒和纸/塑复合材料盒进行包装的。盒盖通常采用PVC塑料制作，并可以在盒的外层增加一层纸作为装饰。

5.酸奶的包装

在国内，酸奶的包装主要采用玻璃瓶，并使用涂蜡纸进行捆扎封口。然而，最近开始出现了使用白色塑料杯盛装的趋势，这种杯子是通过热成型拉伸工艺制成的聚苯乙烯塑料杯。杯盖则采用铝箔复合材料进行高频热合密封。这种包装设计精美，热封后不透气，不会发生泄漏。

这种新型的包装材料在酸奶行业中越来越受欢迎，它具有一定的优势。首先，白色塑料杯具有良好的透明度，可以展示酸奶的外观和质地。其次，铝箔复合材料的高频热合密封能够有效地保持酸奶的新鲜度，防止氧气和异味的渗透。这种包装还具有便利性，方便消费者携带和使用。